水産学シリーズ

41

魚介類の成熟・産卵の制御

日本水産学会編

1982・10

恒星社厚生閣

まえがき

水産動物の成熟・産卵をめぐる諸問題は，水産増養殖技術の発展上，重要な研究課題であり，日本水産学会においては，これに関連したシンポジウムをすでに数回開催し，当時における研究，技術の現状について展望を行った．

近年，黄体形成ホルモン放出ホルモン（LH-RH），生殖腺刺激ホルモン（GTH），ステロイドホルモンなどを投与し，また光や水温など外部環境要因を人為的に調節することにより，水産動物の成熟・産卵を促進させ，あるいは遅延させる多くの研究が進められてきて，成熟・産卵の制御に関して研究者，技術者の関心が高まっている．さらにその基礎をなす研究分野である比較内分泌学に関しても，最近その発展はめざましく，視床下部，脳下垂体，生殖腺などについて多くの知見が集積されつつある．

このような背景のもとに，日本水産学会では昭和57年4月5日，春季大会の一行事として「水産動物における成熟・産卵の制御」と題する下記のシンポジウムを東京水産大学において開催し，研究成果を紹介し，問題点を指摘し，総合的な討議を行った．

水産動物における成熟・産卵の制御

開会の挨拶		小栗　幹郎（名　大　農）
Ⅰ．水産動物の成熟・産卵に関与する内分泌機構	座長	高橋　裕哉（北　大　水）
1.　視床下部の脳下垂体支配		会田　勝美（東　大　農）
2.　脳下垂体-生殖腺系		長浜　嘉孝（基　生　研）
質　疑		
Ⅱ．ホルモン処理による成熟・産卵の制御	座長	小栗　幹郎（名　大　農）
1.　卵黄形成と精子形成		高橋　裕哉（北　大　水）
2.　卵の成熟と産卵		広瀬　慶二（東海水研）
質　疑		
Ⅲ．外部環境要因による成熟・産卵の制御	座長	羽生　功（東　大　農）
1.　貝　類		浮　永久（東北水研）
2.　甲殻類		金沢　昭夫（鹿　大　水）
質　疑		
	座長	野村　稔（東　水　大）
3.　サケ・マス類		隆島　史夫（東　水　大）
4.　ア　ユ		伏木　省三（滋賀水試）

5.　コイ科魚類　羽生　功（東　大　農）

質　疑

Ⅳ. 総合討論　座長　羽生　功（東　大　農）

野村　稔（東　水　大）

高橋　裕哉（北　大　水）

閉会の挨拶　羽生　功（東　大　農）

本書は，当日の講演を中心に，質疑応答ならびに総合討論の要旨を収めて編集したものである．本書が水産動物の成熟・産卵に関する研究の発展と技術の向上にいささかなりとも貢献し得れば，上記のシンポジウムを企画し，その記録のとりまとめに当った者として喜びに堪えない．

終りに，本書の出版に当り，お世話になった日本水産学会の関係各位ならびに恒星社厚生閣の各位に厚くお礼を申し上げる．

昭和57年6月

シンポジウム企画責任者

小　栗　幹　郎（名大農）

羽　生　　　功（東大農）

野　村　　　稔（東水大）

高　橋　裕　哉（北大水）

魚介類の成熟・産卵の制御　目次

Regulation of maturation and spawning in aquatic animals

I. 水産動物の成熟・産卵に関与する内分泌機構

1. 環境—視床下部—脳下垂体

会田勝美*

§1. 視床下部—脳下垂体

多くの魚は，毎年それぞれ特定の季節に繁殖期を持つ．すなわち種特有の生殖年周期を示す．また繁殖期間内に何度か産卵を繰り返すものも多い．このような生殖周期はいかなる仕組によって発現されるのであろうか．その詳細については，魚類ではまだ不明の部分が多い．しかし環境情報が視床下部，脳下垂体を経て生殖腺に到達し，その成熟や退縮を促すという大筋は明らかである．ここではまず視床下部による脳下垂体からの生殖腺刺激ホルモンの分泌調節の仕組について述べる．

1·1 生殖腺刺激ホルモン（GTH）

魚類における生殖腺の成熟も，他の脊椎動物と同様，脳下垂体内の生殖腺刺激ホルモン分泌細胞より分泌されるGTHによって促される．これまで，サケ科魚，コイ，ティラピア，カレイ，チョウザメおよびサメ[1~9]などでGTHの精製が行われている．精製は通常，脳下垂体抽出液よりエタノール沈殿によって得た糖タンパク分画や，あるいは Con A sepharose を用い，これに吸着される糖タンパク分画を得た後，クロマトグラフィや電気泳動によって活性部分を単離している．この糖タンパク分画より得られたGTHには，生殖腺における性ホルモンの産生を促し，卵黄形成や精子形成を促すとともに，卵の最終成熟や排卵，排精を促す作用がある．このGTHは哺乳類のGTHの一つであるLHに近い生物活性を示すが，等電点は酸性側にありむしろFSHに近い．ウロハゼの精巣粗膜分画を用いたレセプターアッセイ系ではこのGTHはLHに近い性質を示した[9]．このGTHの測定法として，ラジオイムノアッセイ法（RIA）が開発され，現在のところサケ科魚およびコイ科魚で，血液中や脳下垂体中の

* 東京大学農学部

GTH 量の測定が可能となっている．これまで魚の GTH はこの糖タンパク性のものが一つと考えられてきたが，最近 IDLER *et al.*[4,7] は Con A sepharose に吸着されない分画(ConA I)に卵黄タンパクの取り込みに関与する GTH が

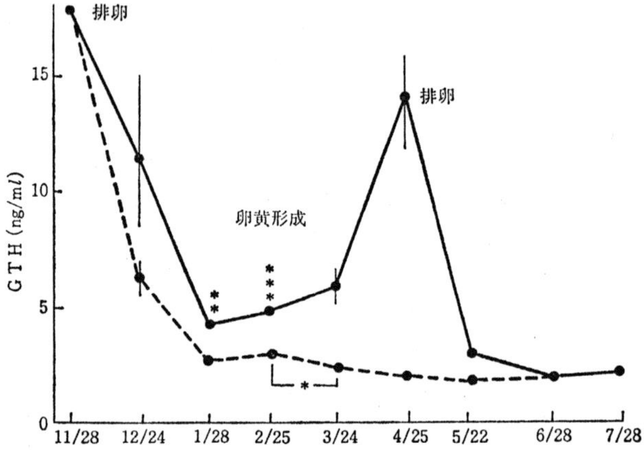

図 1·1　年2回産卵系ニジマスの夏産卵期における血中 GTH 量の変化[22]．
実線は 4/25 排卵群，点線は非排卵群．
* P<0.05，** P<0.01，*** P<0.001．

存在することを報告し，これをビテロジェニック GTH* と呼んでいる．この GTH の RIA による測定はまだ行われていない．一方，糖タンパク性の GTH はマチュレーショナル GTH** と呼ばれ，成熟に判う血液中の GTH 量が測定されている[11~22]．図 1·1 に年2回産卵系ニジマスの夏産卵期における測定例を示した[22]．夏産卵期に排卵した群（4/25 排卵）では，卵黄形成期の GTH 量は非排卵群に比して有意に高く，また排卵時には GTH の大量分泌が起こった．一方，非排卵群では GTH 量は一貫して低値を示した．この結果はマチュレーショナル GTH が卵黄形成時および卵成熟排卵時の両過程において重要な役割を果していることを示している．

1·2　生殖腺刺激ホルモン放出因子（GRF）

さて GTH の分泌はどのような仕組によって調節されているのであろうか．哺乳類では脳下垂体からの LH や FSH の分泌には，視床下部の神経分泌細胞よ

---

* vietllogenic GTH
** maturational GTH

り分泌される LH-RH が関与していることが明らかにされている．LH-RH はアミノ酸10個よりなるペプチドですでに構造決定がなされ，合成も行われている[23]．この LH-RH は魚に対しても有効で，GTH 細胞が活性化され，GTH 分泌が促されることが，コイ[24]，ブラウントラウト[25]，ニジマス[26]，キンギョ[27]などで報告されている．また LH-RH 投与により，排卵や産卵が誘発されることが，コイ科魚[27-29]，アユ[30]，マコガレイ，マハゼ[31]などで知られている．

さらに LH-RH は卵黄形成も促進することが，成熟を抑制するような光周期下においた，メダカ[32]やアユ[33]で確められている．しかしいずれの場合も効果を得るには哺乳類を対象とした場合に比して，はるかに多量を必要とする．このことは，魚の生殖腺刺激ホルモン放出因子（GRF）の構造が，哺乳類の LH-RH と多少異なることによるものと考えられている．また LH-RH のアナログが多数作られており，その中には LH-RH より活性の高いものもある[23]．哺乳類で活性の高いアナログは魚にも高い活性を示す．とくに des Gly^{10}(D-Ala^{6})-LH-RH ethylamide は効果が強く，中国ではコイ科魚の産卵誘発に使われている[28]．また LH-RH は体内での分解が早いため，その反応時間が短い．そのため排卵誘発を目的とした場合，1回の投与では目的を達せられないことも多い．しかし持続性の高い投与方法を用いると1回の投与で長期間にわたって効果を示す[33]．このことは，排卵を起こさせるのに十分な量の GTH の分泌には，LH-RH の刺激が比較的長時間必要なことを示していると思われる．

魚類の視床下部抽出液を魚に投与すると，血液中の GTH 量が増加し，また脳下垂体培養液中にこの抽出液を加えると GTH 分泌量が増加する．このことは魚類の視床下部内にも GRF が存在することを示している．魚の GRF の精製はタラ[34]，ティラピア[35]，ヒラメ[36]などで試みられているがまだ構造は判明していない．

1・3 性中枢

最近，LH-RH の抗体を用いた免疫組織化学的手法によって魚の GRF 細胞を同定しようという試みがなされている．Goos and MURATHANOGLU[37] はニジマスの終脳背内側部に LH-RH 抗体と反応する細胞の存在を報告している．彼らは外側隆起核(NLT)には LH-RH 細胞を認めていない．しかし SCHREIBMAN *et al.*[38] は同種の細胞をプラティの外側隆起核後部と終脳腹側部で認め，その軸索が脳下垂体に達し，GTH 細胞と接していると報告している．キンギョでは終脳背内側部には，LH-RH 細胞は存在しないという．Doubois *et al.*[39] はニジマスで前葉主部に到達している神経分泌細胞の軸索が LH-RH 抗体と反応する物質を含んでいることを，Nozaki と Kobayashi[40] はウナギとクサフグで，前葉と接する神経葉前部に同様の物質が存在することを報告している．これまでのところ，魚の GRF 分泌細胞の所在は確定されたとはいいがたいが，おそらく視索交叉の前方部（終脳の一部を含む）と外側隆起核の 2 か所にあるものと考えられよう．今後は魚の GRF を単離し，その抗体を用いて，GRF 細胞の局在を同定する必要があろう．

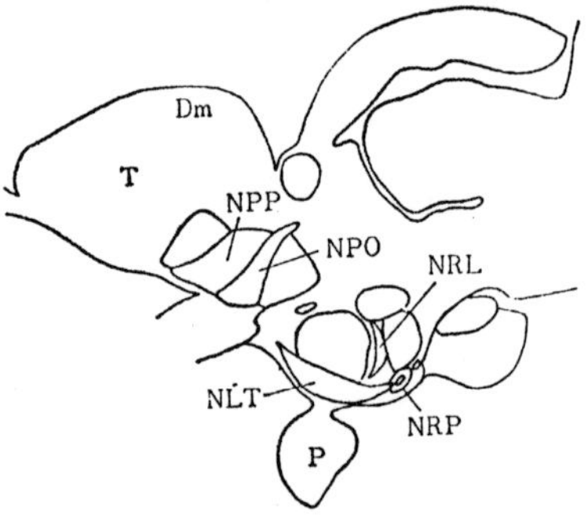

図 1·2　キンギョの視床下部の各部位（Peter *et al.*[53] より改変）．
T：終脳，P：脳下垂体，NPO：視索前核，NLT：外側隆起核，NPP：視索前室周核，NRL：外側陥凹核，NRP：後陥凹核，Dm：終脳背内側部．

視床下部内の後陥凹核（NRP, nuleus recessus posterioris）や外側陥凹核（NRL, n. r. lateralis）からはモノアミン性の軸索が脳下垂体内に入り，その一部が GRF 細胞の軸索とともに，直接 GTH 細胞と接触している．おそらく両者による調節を受けていると思われる．またモノアミン性の軸索の一部は外側隆起核（NLT）や視索前核（NPO）にも達しており，GRF の分泌調節にも関与していることが示唆されている．また魚類の視床下部内にもステロイドホルモンのレセプターを持った細胞が NLT，NPO，NRL の部分に存在することが明らかになってきた[44-46]．魚類の視床下部—脳下垂体—生殖腺系にもフィードバック機構が存在する．これらの部位はおそらくフィードバック機構の成立に関与しているものと思われる．

Crim *et al.*[47,48] はニジマス幼魚にテストステロンを投与すると，投与量に応じて脳下垂体中の GTH 量が増加することを見いだした．さらに彼らは，この効果が芳香化されたステロイドであるエストロゲンや，芳香化されうるテストステロンなどで強いことを明らかにし，11-ケトテストステロンなどの芳香化されないステロイドホルモンではその効果がないことを明らかにした．おそらく脳内で芳香化されたステロイドホルモンによって幼魚の脳下垂体中のGTH量の増加が引き起こされたものと思われる．この効果が投与量に依存することから，幼魚では視床下部—脳下垂体—生殖腺系に正のフィードバック機構が働いているものと思われる．一方，性成熟中の魚では負のフィードバック機構が働いていると考えられる．たとえばニジマスでは去勢すると血中GTH量が急増することが知られており[49]，また抗雌性ホルモンをキンギョの視床下部や脳下垂体に埋めこむと，GTHの大量放出が起こり，排卵が誘発されることが報告されている[50]．卵成熟から排卵時にみられるGTHの大量分泌の機構は魚類ではまだ十分明らかになったとはいえないが，哺乳類の場合とは逆に，卵黄形成の終了に伴う血中エストラジオール17β(E_2)の低下もその一因と考えられよう．また後述するように，水温変化や光周期も重要な要因となっている．

また視床下部の各部位を高周波で破壊し，その結果を解析することによって性中枢部位やその機能を調べる試みがPETER *et al.*[51~54] によってキンギョで行われている．未熟あるいは成熟中のキンギョのNLTを破壊すると，再成熟が抑制されたり，卵の退化が起こる．しかし成熟したキンギョでは同処理によってGTHが分泌され排卵に到る．おそらく未熟な個体と成熟個体とではNLTの機能が異なるのであろう．成熟個体ではGTH分泌は持続性の抑制を受けており，NLTを破壊されたことにより，この抑制がとれ，GTHの大量放出が起こるものと考えられている．一方，NPOの部分を破壊しても生殖腺には影響を及ぼさないとされてきたが，最近の実験では，抑制効果が認められた例もあることから，NPOの関与も否定できないとしている．また視索前室周核（NPP, nucleus preopticus periventricularis）を破壊すると血中GTHの上昇が起こり，排卵も起こるところから，PETER *et al.* はこの部分にGTH分泌抑制因子が存在するのではないかと考えている．この部分を破壊したキンギョにドーパミンを投与するとGTHの上昇がみられなくなるところから，抑制因子はドーパミンではないかと推測している．

これまでのところ，魚類の性中枢としては視索前野（終脳の一部を含む）と外側隆起核の2カ所が考えられているが，その調節機構の詳しい仕組については不明な点が多々あり，その解明は今後の大きな課題であろう．

§2. 環境—視床下部

これまで，視床下部が性中枢として生殖腺の成熟を制御していることを述べてきた．しかし天然における魚の生殖現象に着目してみると，殆どの魚は，それぞれ決った季節に繁殖期を持つ．このことは視床下部—脳下垂体—生殖腺系の活性が常に環境要因の周年変化，あるいは日周変化の影響下にあることを示している．もちろん魚自身の内的要因の関与もあるが，環境要因の変動が魚類の生殖現象を支配している最も大きな要因といえよう．いいかえれば環境要因の変動が性中枢の活動を強く制御しているといえる．現在のところ，魚類におけるこの制御の仕組については不明の部分が多い．これを明らかにするには，魚の生殖周期の発現に対する環境要因の関与の仕方を明らかにするのも一つの方法であろう．魚の生殖周期には1年を単位とする長期周期（生殖年周期）と繁殖期内に繰り返えされる短期周期（産卵周期）とがある．このような周期はどのような仕組によって形成されるのであろうか．

2·1 生殖年周期

魚類の場合その繁殖期は魚種によって大きく異なる．一般にその繁殖時期の相違により，春産卵魚，春～夏産卵魚，秋産卵魚，冬産卵魚に分けることができよう．これらの繁殖時期を異にする魚においては，成熟の開始要因となる環境要因は明らかに異なることが分ってきた．たとえば春産卵魚や，春～夏産卵魚では，春季における水温の上昇だけが成熟の開始に必要で，光周期は決定的な役割を持たない[55~57]．しかし秋産卵魚では水温が適当であっても長日下では成熟が進まず，秋の日長の短日化が成熟の開始には必要である．また冬産卵魚では成熟の開始に水温の低下が必要となる．さらに繁殖期内に数回から数十回の産卵周期を示す魚では，その成熟開始要因と産卵継続または終結要因が質を異にする場合が多いことが明らかになってきた．たとえばタイリクバラタナゴやメダカでは春季における成熟，産卵の開始には水温上昇が決定的役割を示すのに対して光周期は影響を与えない．しかしその終結は晩夏から初秋の水温が十分高い時期におこり，この際には日長の短日化がその終結をうながす．すなわち春季には光周性が消失していたのに対し，産卵が開始された後しばらくして光周性を示すようになる．以上のことは，繁殖時期を異にする魚種では，おそらく視床下部内の性中枢における水温や光周期に対する反応性が異なることを，さらに同一魚種においても環境要因に対する反応性が季節によって，あるいは魚の成熟状態などによって大きく変化し得ることを示している.

産卵期終結後，適当な環境条件下へ魚を移すことによって，生殖腺の再成熟を人為的に促すことができる．魚は通常年１回の繁殖期を持つが，このことは魚が年１回の繁殖期しか持つ能力がないことを意味しているのではなく，天然では１年を周期とする環境要因の変動に生殖腺の成熟，退縮が同期していることを意味しているといえる.

10年程前に，自然日長下で同一個体が年２回産卵するニジマスが埼玉水試熊谷支場で発見され，その生殖機構が調べられてきた[22,58)]．その繁殖期は，４月末～７月の夏産卵期と11月～１月の冬産卵期よりなる．この系統の夏卵から育てた親魚は，冬産卵期には殆どの個体が産卵するが，次の夏産卵期には60～70％の個体しか産卵しない．しかし次の冬産卵期にはまた殆どの個体が産卵する．冬産卵直後の個体に標識を付け定期的に採血を繰り返すとともに，排卵の有無を調べたところ，排卵は図1·3に示したようにこれまでの実験と同結果を示した．明らかに夏産卵率は低い．また夏産卵期は４月末から７月までほぼ３か月に亘ったのに対し，冬産卵期には12月中に殆どの個体が同期して排卵した．何

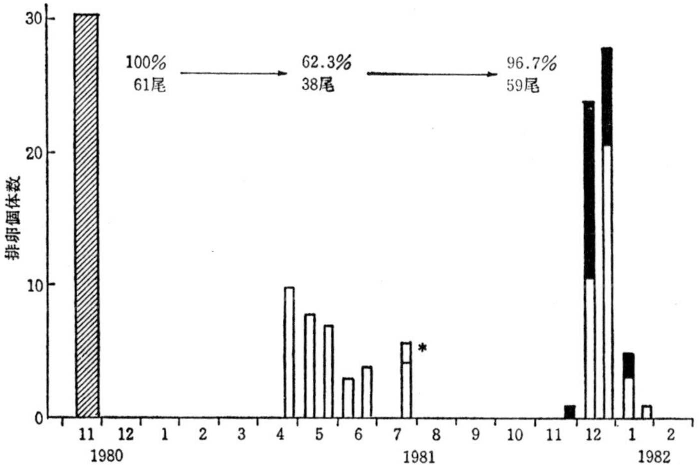

図 1·3 年２回産卵系ニジマスの夏，冬産卵期における排卵個体数.
□：夏産卵期排卵個体，■：夏産卵期非排卵個体.
＊ ７月28日排卵個体のうち２尾が冬産卵期に排卵していない.

故夏産卵期の長期化と冬産卵期の同期が起こるのであろうか．また何故30～40%の個体では夏産卵期に排卵しないのであろうか．血液中のエストラジオール-17β(E_2) 値を測定したところ，夏産卵群ではE_2は冬産卵後順調に増加し，排卵にいたったのに対し，非排卵群では1～2月と増加したものの3月には急減し，卵黄形成が停止することが分った．GTH量は，夏産卵期前半排卵群では，1～2月にすでに高く，また後半産卵群では1～2月と低いものの，3～4月にかけて上昇した．一方，非排卵群では1～2月は後半産卵群と大差ないが，3～4月にかけてGTH量は他群とは逆に減少した．この原因はまだ明らかでないが，おそらく非排卵群では春季における長日化によって，性中枢が影響を受け，脳下垂体からのGTHの分泌が抑制されたものと思われる．しかし何故同じ環境下でありながらGTH分泌に差が生じるのであろうか．同時に行った開腹調査の結果から，2～3月の時点で成熟がさほど進んでいない群でGTH分泌の減少が起こることから，おそらく成熟状態の相違によって環境変化に対する性中枢の反応性が異なるのではないかと思われる．

また夏産卵後E_2値は7月末から殆どの個体で一斉に急上昇を始める．この急上昇は，短日化によってもたらされたものと思われる．おそらくこのE_2値上昇の同期（卵黄形成の同期）が冬産卵時期同期化の一因と考えられる．

冬産卵後，何故すぐに成熟が再開されるかについてはまだ良く分っていないが，夏産卵期前半産卵群では1～2月にすでにGTH量が高いことから，おそらく視床下部からGRFの分泌が比較的速やかに産卵後始まることも考えられる．この系統は産業的に有利なばかりでなく，生殖周期の成立機構を知る上でも非常に興味ある材料であると思われる．

2･2 産卵周期

繁殖期内にある周期を持って産卵を繰り返す魚がいる．メダカ[59]はその中でも毎日産卵することがよく知られている．メダカの排卵は一定の光周期下で飼育すると，毎日ほぼ同時刻に起こることが知られており，排卵周期が光周期と同期している．このことはGTHの分泌が24時間の明暗周期に同期していることを示唆している．しかし産卵は排卵後，明期がこないと起こらない．そのため産卵時刻は産卵周期の指標にはなり得ない．キス[60]も初夏から9月末まで，ほぼ毎日産卵を続けることが知られている．自然日長下では，キスの産卵時刻は 20〜23時 の間である．人工光を 5 〜19 時まで点灯した，14L-10D の光周期下でキスの産卵時刻を15分ごとに調べたところ，産卵はやはり20〜24時に認められた．次に 14L-10D のまま，5 時間，点灯，消灯を早めたところ（0 〜14

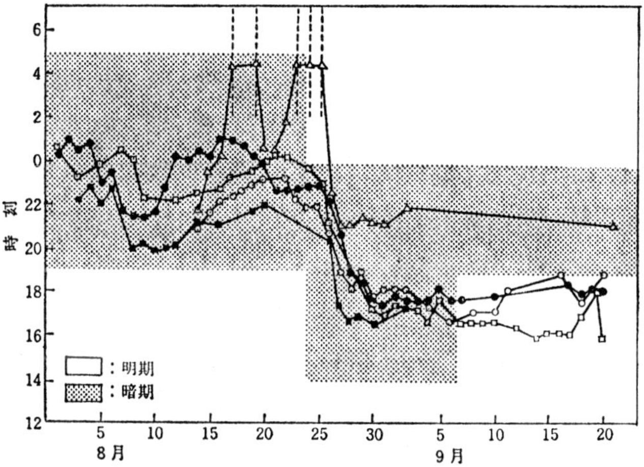

図 1·4　光周期の変化に伴うキスの個体別産卵時刻の変動[60]

時明期)産卵時刻はしだいに早まり，4 〜 5 日後には約 5 時間早くなったところで安定した．すなわちキスの場合も産卵周期は24時間の明暗リズムに同期していることが明らかになった．また産卵時刻の移行の際，完全に同期するまで数日かかったことは，キスも概日周期を持つことを示唆している．次に点灯時刻はそのままにして，消灯時刻を 5 時間遅らせたところ（0 〜19時　明期）産卵時刻には変化がみられず，相変わらず産卵は17時付近にみられた．この結果，キスの産卵周期の開始には，明期の開始が“合図”となっていることが示唆された．キスは自然日長下では暗期に産卵するが，この実験の結果，産卵には暗期を必要としないため，産卵時刻を産卵周期の指標として使えることが分った．また時々産卵を 1 〜数日停止し，また再開することがある．この時も必ず24時間単位で産卵が遅れ，けっして中途半端な遅れ方はしない．このことも産卵周期が24時間の明暗周期に同期し，その周期の開始には明期の開始が“合図”となっていることを裏付ける．魚類も概日周期を持つ，おそらく脳内のいずこかに計時部位があるものと思われる．性中枢の GRF 分泌調節系にそれが入力されていることは十分考えられる．また24時間の明暗周期に産卵周期が同期するところから，概日周期の微調整にこの明暗リズムが利用されていることも推察される．キンギョで血中 GTH 量の日周変化が報告されている[20]．それによると，成熟状態や光周期の相違によって日周変化の様相が異なるという．

キンギョを水温 12°C で飼育すると，卵黄形成が終了したまま排卵を起こさせずに維持でき，水温を上げることによって随時排卵を誘発できることが知られている．PETER *et al.* は水温を上げることによって，持続性の抑制が解かれ GTH が分泌され排卵にいたると考えている[21]．水温はまた生殖周期の長さを変える要因ともなる．タナゴ類はその繁殖期間中，3～4日周期で産卵を繰り返す．この仲間は産卵管の伸長により，その排卵時期を知ることができる．この周期の長さは水温に依存し，水温が低くなると周期が長くなる[56]．また排卵も特定の時刻に起こる．水温はおそらく卵黄形成の速度に影響を与えるのではないだろうか．

これまで環境—視床下部—脳下垂体系について述べてきた．この部分については，最近かなり知見が増えてきたが，まだまだ不明な所が多い．環境条件の操作による魚類の成熟制御を目指すには，さらに基礎的な知見の集積が必要と思われる．

参考文献

1) E. M. DONALDSON, F. YAMAZAKI, H. M. DYE and W. W. PHILLEO : Preparation of gonadotropin from salmon (*Oncorhynchus tshawytscha*) pituitary glands. *Gen. Comp. Endocrinol.*, **12**, 438～448 (1972).

2) B. BRETON, B. JALABERT and P. REINAUD : Purification of gonadotropin from rainbow trout (*Salmo gairdnerii* RICHARDSON) pituitary glands. *Ann. Biol. Anim. Biochim. Biophys.*, **16**, 25～36 (1976).

3) D. R. IDLER, L. S. BAZAR and S. J. HWANG : Fish gonadotropin(s) Ⅱ. Isolation of gonadotropin(s) from chum salmon pituitary glands using affinity chromatography. *Endocrine Res. Commun.*, **2**, 215～235 (1975).

4) D. R. IDLER and T. B. NG : Studies on two types of gonadotropins from both salmon and carp pituitaries. *Gen. Comp. Endocrinol.*, **38**, 421～440 (1979).

5) E. BURZAWA-GERARD : Purification d'une hormone gonadotrope hypophysiare d'un poisson teleosteen la Carpe (*Cyprinus carpio* L.). *Biochimie*, **53**, 545～552 (1971).

6) S. W. FARMER and H. PAPKOFF : A teleost (*Tilapia mossanbica*) gonadotropin that resembles luteinizing hormone. *Life Sciences*, **20**, 1227～1232 (1977).

7) T. B. NG and D. R. IDLER : Studies

on two types of gonadotropin from both American plaice and winter flounder pituitaries. *Gen. Comp. Endocrinol.*, **38**, 410～420 (1979).

8) E. Burzawa-Gerard, B. F. Goncharov and Y. A. Fontaine : L'hormone gonadotrope hypophysaire d'un poisson chondrosteen, l'esturgeon (*Asipenser stellatus* Pall.), *Gen. Comp Endocrinol.*, **27**, 289～295 (1975).

9) J. P. Sumpter, S. K. Follett and J. M. Dodd : Studies on the purification of gonadotropin from dogfish (*Scyliorhinus canicula* L.) pituitary glands, *Ann. Biol. Anim. Biochim. Biophys.*, **18**, 787～791 (1978).

10) S. Ishii and K. Aida : Specific receptors for gonadotropin in the testis of teleosts. *Gen. Comp. Endocrinol.*, **46**, 354 (1982).

11) L. W. Crim, R. E. Meyer and E. M. Donaldoson : Radioimmunoassay estimates of plasma gonadotropin levels in the spawning pink salmon. *Gen. Comp. Endocrinol.*, **21**, 69～76 (1973).

12) L. W. Crim, E. G. Watts and D. M. Evans : The plasma gonadotropin profile during sexual maturation in a variety of salmonid fishes. *Gen Comp. Endocrinol.*, **27**, 62～70 (1975).

13) L. W. Crim and D. R. Idler : Plasma gonadotripin, estradiol, and vitellogenin and gonad phosvitin levels in relation to the seasonal reproductive cycles of female brown trout *Ann. Biol. Anim. Biochim. Biophys.*, **18**, 1001～1005 (1978).

14) L. W. Crim and D. M. Evans : Seasonal levels of pituitary and plasma gonadotropin in male and female Atlantic salmon parr. *Can. J. Zool.*, **56**, 1550～1555 (1978).

15) J. M. Dodd, P. Stuart-Kregor, J. P. Sumpter, L. W. Crim and R. E. Peter : Premature sexual maturation in the Atlantic salmon (*Salmo salar* L.). In "Comparative Endocrinology" (P. J. Gaillard and H. H. Boer, eds), pp. 101～104. Elsevier/North-Holland, Amsterdam (1978).

16) R. Billard and B. Breton : Rhythms of reproduction in teleost fish. In "Rhythmic activity of fishes" (J. E. Thorpe, ed), pp. 31～53. Academic Press, New York/London (1978).

17) R. Billard, B.Breton, A. Fostier, B. Jalabert and C. Weil : Endocrine control of the teleost reproductive cycle and its relation to external factors : salmonid and cyprinid models. In "Comparative Endocrinolgy" (P. J. Caillard and H. H Boer, eds), pp. 37～48. Elsevier/North-Holland, Amsterdam (1978).

18) Fish reproductive physiology group and the peptide hormone group : Radioimmunoassay on serum gonadotropin of carp (*Cyprinus carpio* L.). *Acta Biochim. Biophys. Sinica.*, **10**, 399～407 (1978).

19) K. Bieniarz, P. Epler, B. Breton and L. N. Thuy : The annual reproductive cycle in adult carp in Poland : Ovarian state and serum gonadotropin level. *Ann. Biol. Anim. Biochim. Biophys.* **18**, 917～921 (1978).

20) A. Hontela and R. E. Peter : Daily cycles in serum gonadotropin levels in the goldfish : Effects of photoperiod, temperature and sexual condition. *Can. J. Zool.*, **56**, 2430～2442 (1978).

21) N. E. Stacey, A. F. Cook and R. E. Peter : Ovulatory surge of gonadotropin in the goldfish, *Carassius auratus*. *Gen. Comp. Endocrinol.*, **37**, 246～249 (1979).

22) 小林牧人・羅秀婉・会田勝美・羽生　功・酒井　清・野村　稔・田中深貴男・田崎志郎：年二回産卵系ニジマスの生殖機構-II 夏産卵期におけるゴナドトロピン量の変

化. 昭和57年度日本水産学会春季大会講演要旨集　p. 35 (1982).

23) 藤野政彦：視床下部ペプチドホルモン，水産動物のホルモン（日本水産学会編），恒星社厚生閣，79～99 (1976).

24) C. WEIL, B. BRETON and P. REINAUD: Etude de la reponse hypophysaire a l'administration de Gn-RH exogene au cours ducycle reproducteur annuel chez la Carpe *Cyprinus carpio* L. *C. R. Acad. Sci. Ser.* D. **280**. 2469～2472 (1975).

25) L. W. CRIM and D. M. CLUETT: Elevation of plasma gonadotropin concentration in response to mammalian gonadotropin releasing hormone (GRH) treatment of the male brown trout as determined by radioimmunoassay. *Endocrinol. Res. Commun.* **1**, 101～110 (1974).

26) L. W. CRIM and D. M. EVANS: LH-RH-stimulated gonadotropin release from the rainbow trout pituitary gland : an *in vitro* assay for detection of teleost gonadotropin releasing factor(s.) *Gen. Comp. Endocrinol.*, **40**, 283～290 (1980).

27) L. W. CRIM R. E. PETER and R. BILLARD: Stimulation of gonadotropin secretion by intraventricular injection of hypothalamic extracts in the goldfish, *Carassius auratus*. *Gen. Comp. Endocrinol.* **30**, 77～82 (1976).

28) Cooperative team for hormonal application in pisciculture : A new highly effective ovulating agent for fish reproduction : practical application of LH-RH analogue for the induction of spawning of farm fishes. *Scientia sinica* **20**, 470～474 (1977).

29) T. J. LAM S. PANDEY and W. D. HOAR: Induction of ovulation in goldfish by synthetic luteinizing hormone-releasing hormone (LH-RH). *Can. J. Zool.*, **53**, 1189～92 (1975).

30) K. HIROSE and R. ISHIDA: Induction of ovulation in the ayu, *Plecoglossus altivelis*, with LH-releasing hormone (LH-RH). *Bull. Jap. Soc. Sci. Fish.*, **40**, 1235～1240 (1974).

31) K. AIDA, R. S. IZUMO, H. SATOH and T. HIBIYA: Induction of ovulation in plaice and goby with synthetic LH-releasing hormone. *Bull. Jap. Soc. Sci. Fish.*, **44**, 445～450 (1978).

32) K. K. CHAN: Effect of synthetic luteinizing hormone-releasing hormone (LH-RH) on ovarian development in Japanese medaka, *Oryzias latipes*. *Can. J. Zool.*, **55**, 155～160 (1977).

33) K. AIDA and T. HIBIYA: Effect of LH-RH on gonad and pituitary of a salmonoid fish, the ayu. In "Comparative Endocrinology" (P. J. GAILLARD and H. H. BOER, eds). p. 135, Elsevier/North-Holland, Amsterdam (1978).

34) F. H. BARNETT, I. M. D. JACKSON, J. SOHN and S. REICHLIN: Novel large molecular weight luteinizing hormone releasing hormone in teleost brain. In "Abstr. Endocrine Soc. 61st Ann. Mtg." No. 418 (1979).

35) J. A. KING and R. p. MILLAR: Heterogeneity of vertebrate luteinizing hormone-releasing hormone. *Science* **206**, 67～69 (1979).

36) D. R. IDLER and L. W. CRIM: Gonadotropin releasing factor(s) from hypothalamus of winter flounder. In "Abstr. 9th International Symposium on Comparative Endocrinology" No. 20 (1981).

37) H. J. TH. GOOS and O. MURATHANOGLU: Localisation of gonadotropin releasing hormone (GRH) in the forebrain and neurohypophysis of the trout (*Salmo gairdneri*). *Cell Tissue Res.*, **208**, 499～505 (1978).

38) M. P. Schreibman, L. R. Halpern, H. J. Th. Goos and Margolis-Kazan : Identification of luteinizing hormone-releasing hormone in the brain and pituitary gland of a fish by immunocytochemistry. *J. Exp. Zool.*, **210**, 153～159 (1979).

39) M. P. Dubois, R. Billard, B. Breton, and R. E. Peter : Comparative distribution of somatostatin, LH-RH, neurophysin and α-endorphin in the rainbow trout : An immunocytochemical study. *Gen. Comp. Endocrinol.*, **37**, 220～232 (1979).

40) M. Nozaki and H. Kobayashi : Distribution of LHRH-like substance in the vertebrate brain as revealed by immunocytochemistry., *Arch. Histol. Japon.*, **42**, 201～219 (1979).

41) T. F. C. Batten and J. N. Ball : Ultrastructural and formaldehyde-fluorescence studies on the hypothalamus of *Poecilia latipinna* (Teleostei : Cyprinodontiformes.) *Gen. Comp. Endocrinol.*, **39**, 87～109 (1979).

42) B. Ekengren, J. Peute and G. Fridberg :Immunocytology and innervation of the gonadotropic cells in the teleost fish *Rutilus rutilus. Acta. Zool. Stockholm.*, **59**, 125～133 (1978).

43) M. Terlou, B. Ekengren and K. Hiemstra : Localization of monoamines in the forebrain of two salmonid species, with special reference to the hypothalamo-hypophysial system *Cell Tissue Res.*, **190**, 417～434 (1978).

44) R. E. Davis, J. I. Morrell and D. W. Pfaff : Autoradiographic localization of sex steroid-concentrating cells in the brain of the teleost Macropodus opercularis (Osteichthyes : Belonitiidae). *Gen. Comp. Endocrinol.*, **19**, 69 ～72 (1977).

45) J. I. Morrell and D. W. Pfaff : A neuroendocrine approach to brain function : Localization of sex steroid concentrating cells in vertebrate brains. *Amer. Zool.*, 18, 447～460 (1978).

46) Y. S. Kim, W. E. Stumpf, M. Sar and M. C. Martinez-Vargas : Estrogen and androgen target cells in the brain of fishes, reptiles and birds : Ontogeny and phylogeny. *Amer. Zool.*, **18**, 425 ～433 (1978).

47) L. W. Crim and D. M. Evans : Stimulation of pituitary gonadotropin by testosterone in juvenile rainbow trout *Salmogairdneri*). *Gen. Comp. Endocrinol.*, **37**, 192～196 (1979).

48) L. W. Crim, R. E. Peter and R. Billard : Onset of gonadotropic hormone accumulation in the immature trout pituitary gland in response to estrogen or aromatizable androgen steroid hormones. *Gen. Comp. Endocrinol.*, **44**, 374～381 (1981).

49) R. Billard, M Richard and B. Breton : Stimulation of gonadotropin secretion after castration in rainbow trout. *Gen. Comp. Endocrinol.*, **33**, 163～165 (1977).

50) R. Billard and R. E. Peter : Gonadotropin release after implantation of anti-estrogen in the pituitary and hypothalamus of gold fish, *Carassius auratus. Gen. Comp. Endocrinol.*, **32**, 213～220 (1977).

51) R. E. Peter and L. w. Crim : Hypothalamic lesions of goldfish : Effects on gonadal recrudescence and gonadotropin secretion. *Ann. Biol. Anim. Biochim. Biophys.* **18**, 19～23 (1978).

52) R. E. Peter and L. W. Crim, H. J. Goos and J. W. Crim : Lesioning studies on the gravid female goldfish : Neuroendocrine regulation of ovulation. *Gen. Comp. Endocrinol.*, **35**, 391 ～401 (1978).

53) R. E. Peter and C. R. Paulencu : In-

volvement of the preoptic region in gonadotropin release-inhibition in goldfish. *Neuroendocrinology* **31**, 133～141 (1980).

54) R. E. PETER, J. P. CHANG and A. F. COOK : Neuroendocrine regulation of gonadotropin and growth hormone secretion in goldfish. In "Abstr. 9 th International Symposium on Comparative Endocrinology" No. 64 (1981).

55) 朝比奈　潔：タイリクバラタナゴの生殖リズムに関する研究．博士論文．東京大学 (1981).

56) 淡路雅彦・羽生　功：メダカの産卵期開始を支配する外的要因．昭和57年度日本水産学会春季大会講演要旨集，p. 42 (1982).

57) A. SHIMIZU and I. HANYU : Enviromental regulation of annual reproductive cycle in a spring-spawning bitterling *Acheilignvthus tabira*. *Bull. Jap. Soc. Fish.*, (in press).

58) 羅秀婉・会田勝美・清水　昭男・羽生　功・酒井　清・野村　稔・田中深貴男・田崎志郎：年二回産卵系ニジマスの生殖機構-I. 夏産卵期におけるステロイドホルモン量の変化．昭和57年度日本水産学会春季大会講演要旨集．p. 35 (1982).

59) N. EGAMI : Effects of exposure to low temperature on the time of oviposition and the growth of the oocyte in the fish Oryzias latipes. *J. Fac. Sci. Univ. Tokyo*, 4, 539～548 (1959).

60) 古川　清・吉岡　基・会田勝美・羽生　功・佐藤英雄：キスの産卵周期，昭和57年度日本水産学会春季大会講演要旨集．p. 41 (1982).

2. 脳下垂体—生殖腺系

長 浜 嘉 孝*1

魚類の生殖様式にはいくつかの形があり，生殖巣の構造も魚種によりかなりの相違が認められる[1,2)]．しかし卵や精子が卵原細胞，精原細胞から形成される過程のそれぞれの段階に作用するホルモン機構は魚種の違いで大きく異なるものではなく，むしろ基本的にはかなり共通したものと考えられる．生殖細胞の発生成熟過程を調節するホルモン機構に関する研究は近年の微量ホルモン測定技術，生体外培養技術の確立とも重なり，最近めざましい発展を遂げた．本稿では硬骨魚類の卵巣，精巣における配偶子（卵や精子）形成のホルモン調節機構に関してこれまで得られた基礎的知見を概説するとともに，筆者らのサケ科のアマゴ *Oncorhynchus rhodurus* を材料とした最近の研究結果をもあわせて紹介する*2.

§1. 雌

卵巣における生殖細胞の発達は卵原細胞の増殖にはじまり，これが増殖を停止して減数分裂前期へと進入し，第一次成長期の卵母細胞となる．ついで卵母細胞は第二次成長期に移り卵黄蓄積を開始する．後の胚発生のための貯蔵物質を蓄積し大きさを増した卵母細胞は適当な条件が与えられて最終成熟期に達し排卵を経て受精可能な卵となる．しかしこの時適当な条件が与えられず減数分裂を再開しなければ卵母細胞はいずれ卵巣で退化，吸収されてしまう．この卵形成過程の調節には脳下垂体で産生・分泌される生殖腺刺激ホルモン*3（以後 GTH と略記）が中心的役割を果すが，この GTH は卵母細胞に直接作用する場合は少なく，卵巣における種々のステロイドホルモンの産生・分泌を介して

---

*1 基礎生物学研究所

*2 ここで紹介するアマゴに関する知見は筆者の研究室の上田 宏・グラハム・ヤング・香川浩彦・足立伸次諸氏らとの共同研究の成果である．なお，アマゴは岐阜県水産試験場より提供されたもので田代文男氏はじめ場員の皆様の御好意に感謝申し上げる．

*3 Gonadotropin

作用することが多い（図2·1）．卵巣におけるステロイドホルモンの産生部位は間質細胞や卵母細胞を取り囲む沪胞組織で[3,4]，後者は基底膜をはさみ外側の

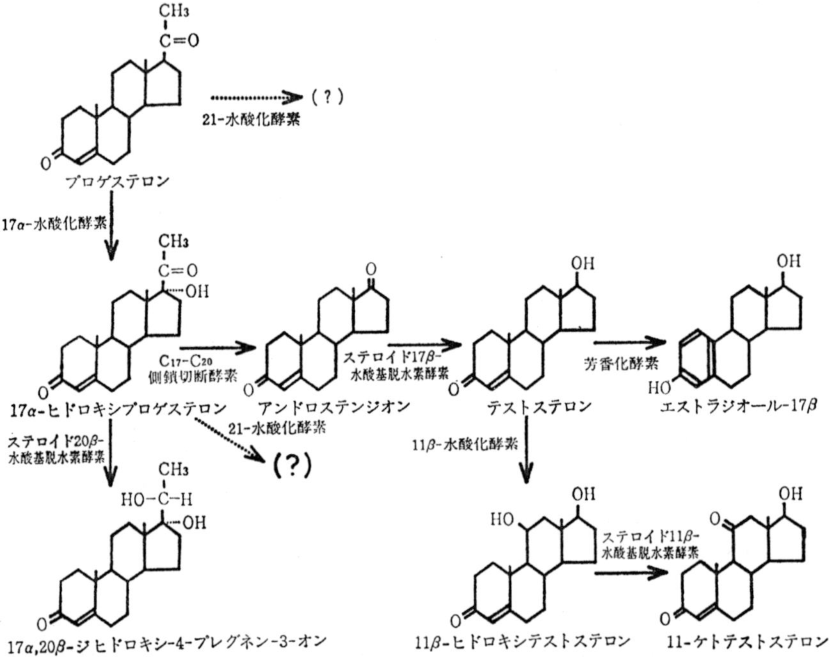

図 2·1　魚類生殖巣におけるステロイドホルモン生合成経路

莢膜細胞層と内側の顆粒膜細胞層とに分かれる（図2·2）．ここでは雌の生殖過程を⑴卵黄形成，⑵最終成熟，⑶排卵・産卵に分けそれぞれの過程でのホルモン調節機構を説明する．

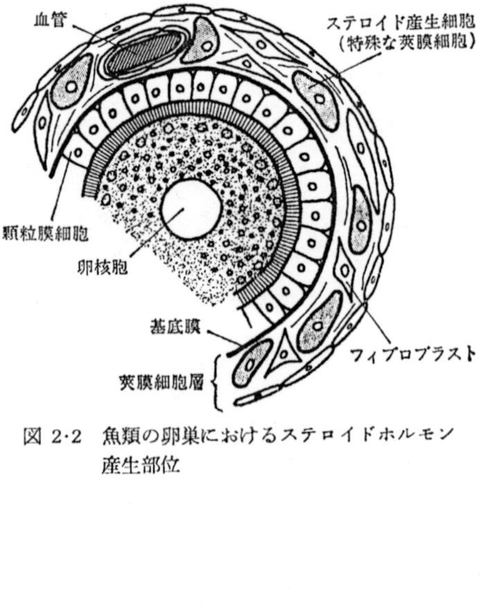

図 2·2　魚類の卵巣におけるステロイドホルモン産生部位

1·1　卵黄形成

魚卵はその成熟過程で多量の卵黄を蓄積することは前述したが，この卵黄は鳥類，両棲類と同様，エストロゲンの作用により肝臓で

合成される卵黄前駆物質（ビテロゲニン）が解裂して生じたリポビテリンとホスビチンが主成分と考えられている[5]．卵黄蓄積過程はGTHに強く依存していることは疑いがない．成熟途上の雌の脳下垂体を摘出すると卵黄蓄積中の卵はまもなく崩壊する．このような魚に精製した魚のGTHを投与すると明らかに卵黄の蓄積が再開される[6]．この時GTHはまず沪胞組織に作用しエストロゲンの産生・分泌を促進する．次にこのエストロゲンが肝臓に作用しビテロゲニンの合成を誘起するのである（図2·3)．エストロゲンの血中濃度の変化は卵巣の発達とよく一致し，卵黄形成の活発な時にはエストロゲン濃度も高い[7]（図2·4)．アマゴの卵沪胞組織を用いた

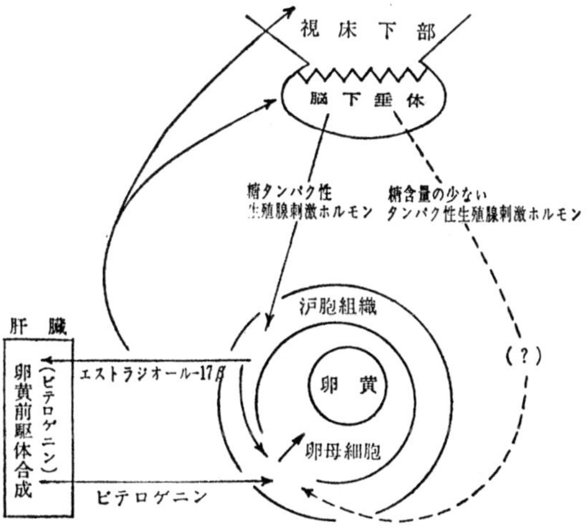

図 2·3 魚類の卵黄形成の内分泌制御機構

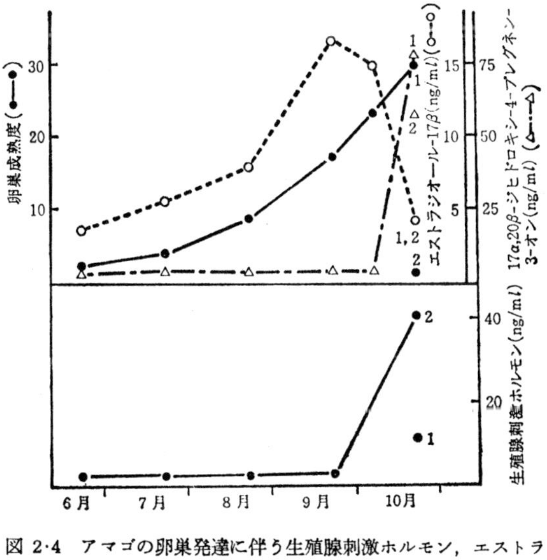

図 2·4 アマゴの卵巣発達に伴う生殖腺刺激ホルモン，エストラジオール−17β，17α，20β-ジヒドロキシ-4-プレグネン-3-オンの血中濃度変動．卵黄形成は9月までに完了し，10月は最終成熟期である．
1：成熟卵を有する個体，2：排卵後の個体．

in vitro 実験により魚類の糖タンパク性 GTH あるいは哺乳類起源の LH[*1] 系 GTH にこのエストロゲン産生促進能があることが明らかになったが，その効果は勿論前者が後者よりも強い[8]．卵黄蓄積過程における GTH のもう一つの作用はビテロゲニンの卵内への取り込みを促進することである（図 2·3）．この作用はステロイドホルモンを介さない直接的なものと考えられ，GTH は卵細胞膜に働きそのピノサイトシス活性を高めると推察される[9]．この GTH のビテロゲニンとりこみ作用は種特異性が極めて高く哺乳類起源の GTH ではその効果がなく，魚類から精製された GTH だけにその活性がある[10]．勿論従来の糖タンパク GTH にもこの活性はあるが，Idler *et al.*[11,12] は最近シロサケ，コイを含む 4 種の魚の脳下垂体から精製した糖含量の極めて少ないタンパク性の物質がビテロゲニンの卵内へのとりこみに主導的役割を果すことを明らかにし，これをビテロゲニック GTH[*2] と名ずけた．なおこの GTH は沪胞におけるエストロゲンの産生を促進する活性は持たない．現在他の研究室でもこの第二の GTH についていろいろの観点から検討をつづけており近い将来さらに深い討論がなされよう．またビテロゲニンが血管から卵内へとりこまれる際に果す沪胞細胞の役割，あるいは卵内でビテロゲニンから卵黄顆粒が形成されるまでの仕組などは現在まったく不明で今後に残された興味ある問題である．

最近，筆者らは卵黄形成中のアマゴ卵を取り囲む沪胞組織をピンセットにより莢膜細胞層と顆粒膜細胞層に分離することに成功し，これを使い魚類の主要なエストロゲンであるエストラジオール-17β（ここでは E_2 と略）の沪胞での *in vitro* 産生機構を調べたのでその結果を簡単に紹介する．サケ科魚類の卵は大形でそれを取り囲む沪胞組織も厚く強いので手術がしやすく，この種の研究にはかっこうの材料である．莢膜細胞層をシロサケ GTH とともに18時間培養するとテストステロンの産生は著しく促進されるが，E_2 はごく少量しか産生されない．顆粒膜細胞では GTH によりテストステロン，E_2 いずれの産生も促進されない．一方，両層を共に培養した群では GTH により E_2 の産生が著しく促進され，培養液中にはテストステロンもわずかに認められる．また，顆粒膜細胞層をテストステロンとともに培養すると多量の E_2 が産生される．し

---

*1 Luteinizing hormone，黄体形成ホルモン

*2 Vitellogenic GTH，従来までの糖タンパク性 GTH は maturational GTH と呼ばれている．

かしGTHは顆粒膜細胞層でのテストステロンからE_2への転換を促進しない．この実験結果より，アマゴ沪胞組織における E_2 産生には莢膜細胞層と顆粒膜細胞層の両層が必要であり，莢膜細胞層は E_2 の前駆体であるテストステロンを産生し，これが顆粒膜細胞層で芳香化酵素によりE_2に転換されることが明らかとなり，最近，筆者らは E_2 産生について二細胞型モデルを提唱した[4,13]（図 2·5）．またこのモデルはニジマス沪胞でのE_2産生にもあてはまる[14]．哺乳類でも卵胞におけるエストロゲンの産生に同様の機構が存在することが知られ，この場合はLHが莢膜細胞でのテストステロン産生を，FSH[*1]が顆粒膜細胞での芳香化を亢進し，エストロゲン産生に二細胞・二生殖腺刺激ホルモン説が提唱されている[15]．

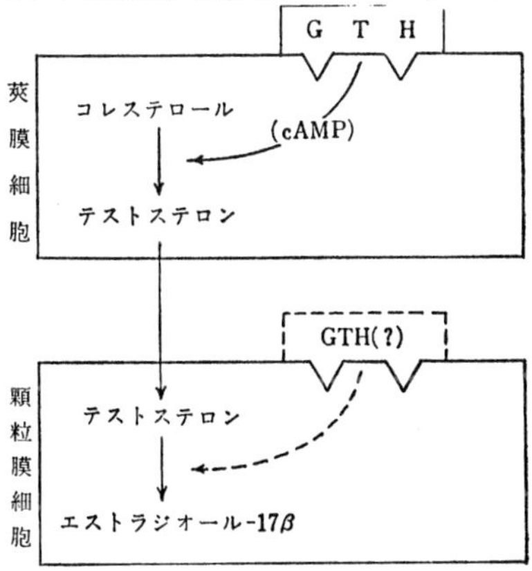

図 2·5 卵沪胞組織におけるエストラジオール-17β 産生の二細胞型モデル．顆粒膜細胞層における芳香化酵素活性化の機構は現在不明である．

1·2 最終成熟

十分に卵黄を蓄え成長した卵は適当なホルモンの刺激により最終成熟を開始する．この過程は卵核胞の動物極への移動と崩壊，減数分裂の再開，卵の吸水などを含むが，卵黄形成とは異なりかなり短期間でおこる．卵の最終成熟のホルモン機構に関しては最近ヒトデ，両棲類，魚類での研究がめざましい発展を遂げたが[16,17,18,19]，これには培養技術の進歩が大いに貢献した．卵母細胞を分離し生体外で培養することにより複雑なホルモン機構をいくらかでも単純化することができる．

魚類でも卵の最終成熟が GTH によって誘起されることは脳下垂体の摘出実験や摘出魚に GTH を投与して最終成熟をおこさせた実験，あるいは *in vitro* の卵成熟誘起実験で証明される．最近卵成熟の実験によく使用されるキンギョを例にとり GTH の役割から説明する．キンギョを 13～14°C で飼育すると卵黄形成の過程は正常に進行するが最終成熟はおこらない．このようなキンギョを水温 20°C の水槽に移すと 2 日目にほとんどの魚で卵成熟が完了し排卵がお

*1 Follicle-stimulating hormone，卵胞刺激ホルモン

こる．この時温度処理を開始して間もなく脳下垂体 GTH 細胞から顕著な分泌顆粒の放出が観察され[20]，血中 GTH 量も急激に上昇する[21]．卵の最終成熟に先立ってみられるこの GTH の一過性の大量放出はアマゴでも観察され[22]（図 2·4）最終成熟の引き金となる．沪胞組織がついたままのニジマスやメダカの卵母細胞をGTHとともに *in vitro* で培養すると卵成熟は誘起されるが，ホルモン処理前に沪胞組織を取り除いた“裸”の卵母細胞に GTH を作用させても卵成熟はおこらない[23,24,25]．このように GTH の卵成熟誘起作用は直接的ではなく卵母細胞を取り囲む沪胞細胞を介している．すなわち GTH は沪胞に作用してそこで二次ホルモンである卵成熟誘起物質を産生・分泌しその物質が卵成熟を誘起する．しかしインド産のナマズでは GTH の作用部位は沪胞組織ではなく副腎組織であると考えられている[26]．これまで GTH の作用下で生成される卵成熟誘起物質としてプロゲステロン系あるいは副腎皮質系のステロイドホルモンが想定されてきた[27]．ここで筆者らのアマゴを用いた研究を紹介する．卵黄形成を完了し最終成熟直前にある沪胞組織つきのアマゴ卵母細胞を *in vitro* に取り出し，シロサケ GTH とともに培養すると最終成熟が誘起される．この時 GTH により沪胞組織で生成される主要なステロイドホルモンは 17α, 20β-ジヒドロキシ-4-プレグネン-3-オン（17α, 20β-diOHprog と略）であることが ^{14}C で標識した前駆体を用いた *in vitro* の実験より明らかになった[28]．アユでも同様な実験からGTH投与により沪胞組織における 17α, 20β-diOHprog の生合成が促進されることが報告されている[29]．次に種々のステロイドホルモンの *in vitro* 卵成熟誘起効果を調べたところ，プロゲステロン系ステロイドの効果が強く，中でも 17α, 20β-diOHprog が最大の効果を示した[30]．一方，副腎皮質系や性ステロイドではほとんど効果がみられない[31]．ついで 17α, 20β-diOHprog の抗体を作製しラジオイムノアッセイ法を確立し，アマゴの成熟に伴う血中濃度の変化を調べた．17α, 20β-diOHprog は卵黄形成期には極めて低値で，最終成熟中あるいは排卵中の魚で高値を示した（図 2·4）．この高 17α, 20β-diOHprog を示す個体では血中 GTH 濃度も高い（図 2·4）．またニジマス[32]，サクラマス[33]，シロサケ[34]でも最終成熟時に同様の 17α, 20β-diOHprog の急上昇が観察された．これらの結果からサケ科魚の卵成熟誘起物質は 17α, 20β-diOHprog であると結論される．また GTH による沪胞組織での17α,

20β-diOHprog の産生には莢膜細胞層と顆粒膜細胞層の両層が必要であることがエストロゲンの産生機構に用いたと同じ *in vitro* 実験法を用いて明らかになった[35,36]．ついで両層の役割を検討した結果，莢膜細胞層は GTH の作用下で 17α-ヒドロキシプロゲステロン（17α-OHprog と略）を産生し，顆粒膜細胞はこのステロイドを 17α, 20β-diOHprog に転換する作用を持つことが明らかになった．この時 GTH は莢膜細胞層に働き前駆体の産生を促進するばかりでなく，直接顆粒膜細胞にも作用し，そこでの 17α-OHprog から 17α, 20β-diOHprog への転換に必要なステロイド-20β-水酸基脱水素酵素の活性を高める作用をも持つ（図 2·1）.

この 17α, 20β-diOHprogの産生に関する二細胞型モデルは前述した哺乳類の卵胞でのエストロゲンの産生機構とよく類似している．ここで興味あるのはサケ科魚では一種類の糖タンパク性 GTH が同時に莢膜細胞層，顆粒膜細胞層とに作用し，17α, 20β-diOHprog の生合成過程の異なる段階を刺激することである．図 2·6 に魚類における卵の最終成熟機構を模式的に示したが，今後更にステロイドホルモンの卵表受容体や卵細胞質内に生成されると考えられる卵成熟促進因子の本体を明らかにする必要がある[18]．

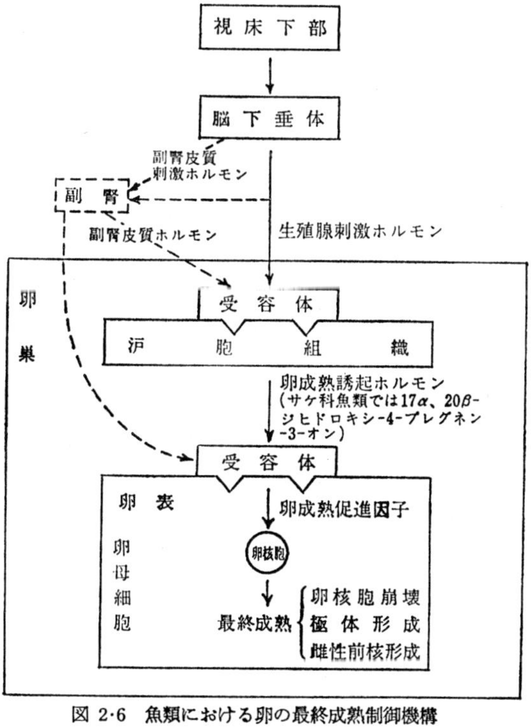

図 2·6 魚類における卵の最終成熟制御機構
GTH により沪胞組織で生成される卵成熟誘起ホルモンは本文で詳述した．最近，筆者らはキンギョ卵を用いた微小注射法により 17α, 20β-diOHprog が卵表に作用すること，またその結果卵細胞質内に卵成熟促進因子が生成され，これが直接卵核胞に作用して成熟を促進することを明らかにした（詳しくは文献18を参照）

1·3 排卵・産卵

卵母細胞の成熟が進み排卵が近ずくとそれまで密であった卵母細胞と顆粒膜細胞との接着が緩みはじめる．つづいて沪胞組織の一部（キンギョなどでは薄板上皮に接する部位）が破れ卵母細胞は沪胞自体の収縮などにより沪胞組織から離脱し，卵巣腔もしくは体腔中に移動する．排卵に先立って起こる卵母細胞と沪胞組織との分離には魚でもタンパク分解酵素が関与しているようであるが[37]，哺乳類の排卵に重要なプラズミン[38]の存在は魚では報告されていない．この沪胞の分離を含む排卵の過程を制御するホルモン機構は単純ではない．GTH や卵成熟誘起物質もこの過程に関与することは確かであろうが，これらのホルモンが多くの場合 *in vitro* での排卵誘起効果を示さないのでその作用は直接的ではないと考えられる．最近魚類でもプロスタグランディン（PG と略）が排卵に関与している可能性がしだいに明らかにされてきている[39,40]．PG 阻害剤のイントメサシン[*1] は HCG[*2] で誘起されるキンギョの *in vivo* 排卵を完全に抑制する．この抑制はその後 PG を投与することにより回復する[41]．PGはまた *in vitro* 条件下でエピネフリンなどと共に単独で排卵を誘起するし[42]，ドジョウで HCG 処理後に卵巣中の PG 濃度が上昇することが知られている[43]．PG はまた中枢神経系に作用し，雌の産卵行動を誘発することが報告されているが[40]，産卵現象それ自体は他に神経性下垂体ホルモンなどの関与も考えられ，今後さらに詳細な研究が期待される分野である．

§2. 雄

精巣では精原細胞の増殖，精子形成，精子変態，排精（放精）を経て受精能を持つ成熟精子が形成される．これらの諸過程のうち精原細胞の増殖は長期にわたるのが普通であるが，減数分裂開始後の精子形成の諸過程は比較的急速に進行する．このことが精子形成の各々の過程に関与するホルモン調節機構の解析を困難にしている．本稿で概説する(1)精子形成，(2)排精（放精）のいずれの過程もホルモンなしでは進行しない．精巣で産生される主なステロイドはアンドロゲンで GTH の作用のもとに主として精巣の間質細胞[*3] で産生されると考えられている[4,44,45]（図 2·7)．この他に精巣小葉の内壁を構成するセルトリ細

---

*1 Indomethacin

*2 Human chorionic gonadotropin，胎盤性性腺刺激ホルモン

*3 Interstitial cell

胞[*1]もステロイドホルモンの産生・分泌に関与している可能性がある．

2·1 精子形成

魚類の精子形成はGTHの支配下にあることは疑いはなく，脳下垂体あるいは血中GTH量も精子形成中の魚では未成熟魚よりは高い[45]．ここで注目すべきはニジマスなどで報告されている精原細胞の増殖開始直後にみられる脳下垂体および血中のGTH濃度の増加である[45,46]．このGTHの上昇は一時的なもので，精子形成が開始する頃には再び低値に戻る．現在この意義は不明であるがGTHが精子形成開始の調節に関与している可能性も考

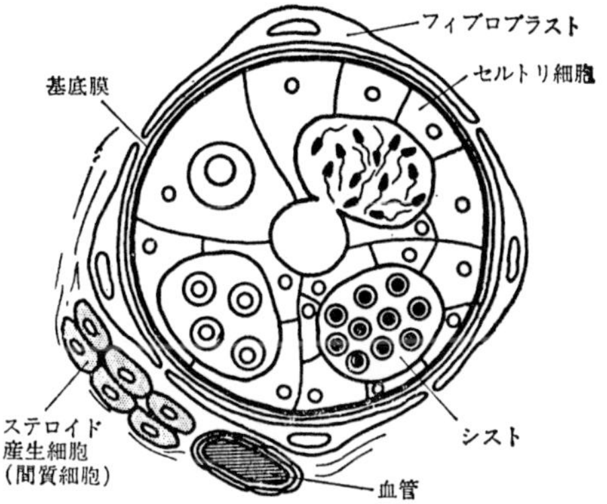

図 2·7 魚類の精巣におけるステロイドホルモン産生部位

えられる．魚類でGTHが精子形成のどの過程にどのような機構で作用するのかは明確ではない．哺乳類ではLHが間質細胞におけるテストステロンの産生を介して，またFSHも直接にあるいは間接に（おそらくセルトリ細胞におけるアンドロゲン結合タンパクの産生を介して）精子形成に関与していると考えられている[47]．しかし魚類ではセルトリ細胞に対するGTHの作用はまったく調べられていない．最近，Ng and Idler.[48] は前述の二種のGTHに関する雄での生理機能について検討し，ビテロゲニックGTHは精巣でのアンドロゲン産生は促進しないが，アンドロゲン結合タンパクの分泌に関与すると述べている．GTHの作用により魚類の精巣で産生される主なアンドロゲンはテストステロン，11β-ヒドロキシテストステロン，11-ケトテストステロンなどであるが[49]（図2·1），中でも11-ケトテストステロンが魚類特有のアンドロゲンとして強い生理活性を有することが報告されている[50]．しかしこれらのアンドロゲンが精子形成にどのように関与しているかはまったく不明で今後の研究に待たなくてはならない．筆者らが調べたアマゴ，シロサケではテストステロンの血中濃度は精子形成の進行に伴って増加し，特に精子細胞から精子が形成される時

*1 Sertoli cell

期に最高値に達し，以後排精開始前後に急減する[51,52]（図 2·8）．最近，大西洋サケでもテストステロン，11-ケトテストステロンの血中濃度が精子形成後期に上昇し，排精開始直後に急減することが報告された[53]．これらの結果はアン

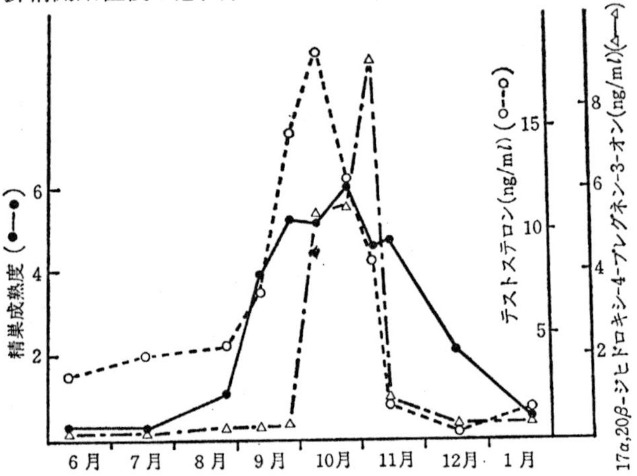

図 2·8　早熟アマゴの精巣発達に伴うテストステロン，17α，20β-ジヒドロキシ-4-プレグネン-3-オンの血中濃度変動．10月中旬から11月初旬にかけてが排精盛期である．

ドロゲンが精子形成，特にその後期の過程に重要な役割を果している可能性を強く示唆する．しかし精子形成後期には魚の精巣でもセルトリ細胞間にいわゆる血液-精巣関門が形成されることが報告されており[54]，生殖細胞が実際に接する環境のホルモン濃度や組成は血液中のそれとはかなり異なることも考えられる．したがってこの時期の生殖細胞の発達に果すアンドロゲンの役割を考える際にはこの血液—精巣関門についても十分に考慮する必要があろう．

2·2　排精（放精）

多くの魚種で精子は小葉内腔から輸精管に移行し，ここで一時貯留される．この状態の精子はすでに受精能を獲得しており成熟精子である．このような輸精管中の成熟精子は雄の腹部を軽く圧迫するだけで体外に放出される．この現象を排精あるいは放精と呼んでいる．精子の粘着性は精巣小葉内では極めて高く，輸精管への移行後には低下する．この精子の粘着性の低下には輸精管への血管からの水分の移動，あるいは小葉を囲むセルトリ細胞や輸精管の内壁を構成する細胞からのある種の物質の分泌が関与していると推察される．排精も含めて未熟精子が成熟精子となる過程はホルモンに制御される．アマゴでは排精

の盛期の血中 GTH 濃度は精子形成期のどの時期よりも高い[52]. 同様の結果が大西洋サケでも報告されている[55]. そこで筆者らは血中 GTH 濃度が高い排精盛期のニジマス精巣で生成される主なステロイドホルモンの種類を^{14}Cで標識した前駆体を用いた *in vitro* の実験で解析した. そうすると, この期の精巣細片では 17α, 20β-diOHprog の生成能が非常に強く, 11-ケトテストステロンなどのアンドロゲンの産生能はそれほど高くないという極めて興味深い結果が得られた[56]. またアマゴでの 17α, 20β-diOHprog の血中濃度は精子形成の全期を通じて低く, 排精期の到来とともに著明に上昇することも明らかになった[57] (図 2·8). 一方, 排精期にはすでにテストステロンの血中濃度はかなり低いことは前述した. 同様なステロイドホルモンの産生パターンは排精期のシロサケでも観察された[34]. 前述したように血中 GTH 量は排精期に高いので, 精巣における 17α, 20β-diOHprog の産生能亢進は GTH の影響によるものであることが推定されるが, この事は精巣細片を GTH とともに培養した *in vitro* の実験結果からも確認された. 以上の結果から, 精子形成後期から排精期にかけての精巣ではステロイドホルモンの産生・分泌パターンに急激な変化が起こり, この変化には GTH が深く係っていることが判明した. また排精期の GTH－17α, 20β-diOHprog 系の卓越は卵の最終成熟期と極めて類似しており, これらのホルモンが雌雄配偶子形成過程の何か共通の現象 (例えば吸水[23,45]) に関与していることを強く示唆し, これらのホルモンの役割について今後いろいろの観点から検討を加える必要があろう. また 17α, 20β-diOHprog が排精期の精巣で特異的に産生される際に, 卵巣の沪胞組織にみられたような機構 (二細胞型モデル, 精巣の場合はおそらく間質細胞とセルトリ細胞) で産生される可能性もあり適当な材料を駆使しての今後の研究が期待される.

§3. まとめ

本稿で概説したように, 近年魚類における成熟産卵の内分泌調節機構に関する研究は着実に発展している. 中でも卵成熟誘起物質の同定や卵沪胞組織でのステロイドホルモンの産生機構に関する研究の進展は特筆される. その反面, 精子形成・排精の内分泌調節機構に関する研究は立遅れている. 種々の精子形成段階の生殖細胞, 間質細胞, セルトリ細胞の分離を含めた *in vitro* 実験系の確立が望まれる．また，本稿でも触れた卵巣と精巣にみられるステロイドホルモンの産生・分泌パターンの急激な転換（卵巣ではエストロゲン産生系からプロゲステロン系ステロイド産生系への転換）の機構はまったく不明である．この問題の解決には生殖巣における GTH の作用機構（特に GTH の受容体との関係）や関連ステロイドホルモンの生成機構を細胞・分子レベルで詳細に検討する必要があろう．アマゴやニジマスの卵沪胞組織で明らかにされた二細胞型モデルはこれらの問題解決のための優れた実験系として今後多くの新しい情報を提供してくれるであろう．

参考文献

1) 山本喜一郎：生殖，魚類生理（川本信之編），pp. 232～271，恒星社厚生閣，(1970).

2) V. L. de VLAMING : Environmental and endocrine control of teleost reproduction. in "Control of Sex in Fishes" (C. B. SCHRECK ed), pp. 13～83, Virginia Polyt. Inst. and State Univ., Blacksburg (1974),

3) W. S. HOAR and Y. NAGAHAMA : The cellular sources of sex steroids in teleost gonads. *Ann. Biol. anim. Bioch. Biophys.*, **18**, 893～898 (1978).

4) Y. NAGAHAMA, H. KAGAWA and G. YOUNG : Cellular sources of sex steroids in teleost gonads. *Can. J. Fish. Aquat. Sci.*, **39**, 56～64 (1982).

5) A. HARA and H. HIRAI : Comparative studies on immunochemical properties of female-specific serum protein and egg yolk protein in rainbow trout (*Salmo gairdneri*). *Comp. Biochem. Physiol.*, **59**B, 339～343 (1978).

6) 山崎文雄：卵の成熟と排卵の内分泌．魚類の成熟と産卵―その基礎と応用（日本水産学会編），pp. 41～54，恒星社厚生閣，東京 (1974).

7) H. KAGAWA, K. TAKANO and Y. NAGAHAMA : Correlation of plasma estradiol-17β and progesterone levels with ultrastructure and histochemistry of ovarian follicles in the white-spotted char, *Salvelinus leucomaenis*. *Cell Tissue Res.*, **218**, 315～329 (1981).

8) H. KAGAWA, G. YOUNG and Y. NAGAHAMA : Estradiol-17β production in isolated amago salmon (*Oncorhynchus rhodurus*) ovarian follicles and its stimulation by gonadotropins. *Gen. Comp. Endocrinol.*, **47**, 361～365 (1982).

9) S. N. Upadhyay, B. Breton and R. Billard : Ultrastructural studies on experimentally induced vitellogenesis in juvenile rainbow trout (*Salmo gairdneri* R.). *Ann. Biol. anim. Bioch. Biophys.*, **18**, 1019～1025 (1978).

10) P. NATH and B. I. SUNDARARAJ : Induction of vitellogenesis in the hypophysectomized catfish, *Heteropneustes fossilis* (BLOCH) : Effects of piscine and mammalian hormones. *Gen. Comp. Endocrinol.*, **43**, 191～200(1981).

11) D. R. IDLER and T. B. NG : Studies on two types of gonadotropins from both salmon and carp pituitaries. *Gen. Comp. Endocrinol.*, **38**, 421～440 (1979).

12) T. B. NG and D. R. IDLER : Studies on two types of gonadotropins from both American plaice and winter flounder pituitaries. *Gen. Comp. En-*

docrinol., **38**, 410～420 (1979).

13) H. Kagawa, G. Young, S. Adachi and Y. Nagahama : Estradiol-17β production in amago salmon (*Oncorhynchus rhodurus*) ovarian follicles : role of the thecal and granulosa cells. *Gen. Comp. Endocrinol.*, **47**, 440～448 (1982).

14) Y. Nagahama, H. Ueda and S. Adachi : unpublished data.

15) J. H. Dorrington and D. T. Armstrong : Effects of FSH on gonadal functions. *Recent Prog. Horm. Res.*, **35**, 301～342 (1979).

16) W. J. Wasserman and L. D. Smith : Oocyte maturation in nonmammalian vertebrates. in "The Vertebrate Ovary" (R. E. Jones ed), pp.443～468, Plenum Press, New York (1978).

17) Y. Masui and H. J. Clarke : Oocyte maturation. *Int. Rev. Cytol.*, **57**, 185～282 (1979).

18) 長浜嘉孝：生殖細胞とその特性—特に卵細胞について．遺伝, 34, 125～139 (1980).

19) H. Kanatani and Y. Nagahama : Mediators of oocyte maturation. *Biomedical Res.*, **1**, 273～291 (1980).

20) Y. Nagahama : Histo-physiological studies on the pituitary gland of some teleost fishes, with special reference to the classification of hormone-producing cells in the adenohypophysis. *Mem. Fac. Fish. Hokkaido Univ.*, **21**, 1～63 (1973).

21) N. E. Stacey, A. F. Cook and R. E. Peter : Ovulatory surge of gonadotropin in the goldfish, *Carassius auratus*. *Gen. Comp. Endocrinol.*, **37**, 246～249 (1973).

22) G. Young, L. W. Crim, H. Kagawa, A. Kambegawa and Y. Nagahama : Plasma $17\alpha, 20\beta$-dihydroxy-4-pregnen-3-one levels during sexual maturation of amago salmon (*Oncorhynchus rhodurus*). *Gen. Comp. Endocrinol.*, (in press), (1982).

23) K. Hirose : Endocrine control of ovulation in medaka (*Oryzias latipes*) and ayu (*Plecoglossus altivelis*). *J. Fish. Res. Bd. Can.*, **33**, 989～994 (1976).

24) B. Jalabert : *In vitro* oocyte maturation and ovulation in rainbow trout (*Salmo gairdneri*), northern pike (*Esox* lucius), and goldfish(*Carassius auratus*). *J. Fish. Res. Bd. Can.*, **33**, 974～988 (1976).

25) T. Iwamatsu :Studies on oocyte maturation of the medaka, *Oryzias latipes* Ⅷ. Role of follicular constituents in gonadotropin- and steroid-induced maturation of oocyte *in vitro*. *J. Exp. Zool.*, **211**, 231～239 (1980).

26) B. I. Sundararaj, S. V. Goswami and V. Lamba : Some aspects of oocyte maturation in catfish. *J. Steroid Biochem.*, **11**, 701～707 (1979).

27) T. Iwamatsu : Studies on oocyte maturation of the medaka, *Oryzais latipes*. V. On the structure of steroids that induce maturation *in vitro*. *J. Exp. Zool.*, **204**, 401～408 (1978).

28) K. Suzuki, Y. Nagahama and B. Tamaoki : *In vitro* synthesis of an inducer for germinal vesicle breakdown of fish oocytes, $17\alpha, 20\beta$-dihydroxy-4-pregnen-3-one by ovarian tissue preparation of amago salmon (*Oncorhynchus rhodurus*). *Gen. Comp. Endocrinol.*, **45**, 533～535 (1981).

29) K. Suzuki, B. Tamaoki and K. Hirose : *In vitro* metabolism of 4-pregnenes in ovaries of a freshwater teleost, the ayu (*Plecoglossus altivelis*) : production of $17\alpha, 20\beta$-dihydroxy-4-pregnen-3-one and its 5β-reduced metabolites, and activation of 3β-and 20β-hydroxysteroid dehydrogenases by treatment with a fish gonadotropin. *Gen. Comp. Endocrinol.*,

45, 473～481 (1981).

30) Y. NAGAHAMA, K. HIROSE, G. YOUNG, S. ADACHI, K. SUZUKI and B. TAMAOKI : Relative *in vitro* effectiveness of 17α, 20β-dihydroxy-4-pregnen-3-one and other pregnene derivatives on germinal vesicle breakdown in oocytes of ayu (*Plecoglossus altivelis*), amago salmon (*Oncorhynchus rhodurus*), rainbow trout (*Salmo gairdneri*) and goldfish (*Carassius auratus*). *Gen. Comp. Endocrinol.*, (in press), (1982).

31) 長浜嘉孝・香川浩彦・田代文男：種々の生殖腺刺激ホルモンおよびステロイドホルモンによるアマゴ (*Oncorhynchus rhodurus*) とニジマス (*Salmo gairdneri*) の *in vitro* 卵成熟誘起効果. 日水誌, **46**, 1097～1102 (1980).

32) A. FOSTIER, B. BRETON, B. JALABERT and O. MARCUZZI : Evolution des niveaux plasmatiques de la gonadotropine glycoproteique et la 17α hydroxy -20β dihydroprogesterone au cours de la maturation et de l'ovulation chez la Truite arc-en-ciel, *Salmo gairdneri*. *C. R. Acad. Sc. Paris*, **293**, 817～820 (1981).

33) K. YAMAUCHI, S. ADACHI and Y. NAGAHAMA : unpublished data.

34) H. UEDA, O. HIROI, S. URAWA, K. YAMAUCHI and Y. NAGAHAMA : unpublished data.

35) Y. NAGAHAMA, G. YOUNG and H. KAGAWA : Steroidogenesis in the amago salmon (*Oncorhynchus rhodurus*) ovarian follicle : a two cell-type model. Proc. of 9th Int. *Symp. on Comp. Endocrinol.*, (in press), (1982).

36) G. YOUNG, H. KAGAWA, S. ADACHI and Y. NAGAHAMA : unpublished data.

37) T. OSHIRO and T. HIBIYA : Presence of ovulation-inducing enzymes in the ovarian follicles of loach. *Bull. Jap. Soc. Sci. Fish.*, **41**, 115 (1975).

38) S. STRICKLAND and W. H. BEERS : Studies on the enzymatic basis and hormonal control of ovulation. in "Ovarian Follicluar Development and Function" (A. R. Midgley and W. A. SADLER ed), pp. 143～153, Raven Press, New York (1974).

39) 野村　正：プロスタグランジン. 海洋天然物化学 (日本化学会編), No 25, pp. 235～245, 学会出版センター, 東京 (1979).

40) N. E. STACEY and F. W. GOETZ : Role of prostaglandins in fish reproduction. *Can. J. Fish. Aquat. Sci.*, **39**, 92～98 (1982).

41) N. E. STACEY and S. PANDEY : Effects of indomethacin and prostaglandins on ovulation of goldfish. *Prostaglandins*, **9**, 597～607 (1975).

42) 香川浩彦・長浜嘉孝：プロスタグランディンによるキンギョ (*Carassius auratus*) の *in vitro* 排卵誘起効果. 日水誌, **47**, 1119～1121 (1981).

43) H. OGATA, T. NOMURA and M. HATA : Prostaglandin $F2\alpha$ changes induced by ovulatory stimuli in the pond loach, *Misgurnus auguillicaudatus*. *Bull. Jap. Soc. Sci. Fish.*, **45**, 929～931 (1979).

44) H. J. GRIER : Cellular organization of the testis and spermatogenesis in fishes. *Amer. Zool.*, **21**, 345～357(1981).

45) R. BILLARD, A. FOSTIER, C. WEIL and B. BRETON : Endocrine control of spermatogenesis in teleost fish. *Can. J. Fish. Aquat. Sci.*, **39**, 65～79 (1982).

46) R. E. PETER : Gonadotropin secretion during reproductive cycles in teleosts : influences of environmental factors. *Gen. Comp. Endocrinol.*, **45**, 294～305 (1981).

47) 石居　進：精子形成—そのホルモン調節. ホルモンと生殖II—その相関と機構 (日本比較内分泌学会編), pp. 121～133, 学会出版センター, 東京 (1979).

48) T. B. NG and D. R. IDLER : Gonadotropic regulation of androgen production in flounder and salmonids.

Gen. Comp. Endocrinol., **42**, 25～38 (1980).

49) R. OZON : Androgens in fishes, amphibians, reptiles, and bird. in "Steroids in Nonmammalian Vertebrates" (D. R. IDLER ed), pp. 328～389, Academic Press, New York (1972).

50) R. ARAI :Androgenic effects of 11-ketotestosterone on some sexual characteristics in the teleost, *Oryzias latipes*. *Annot. Zool. Japan.*, **40**, 1～5 (1967).

51) Y. NAGAHAMA, S. ADACHI, F. TASHIRO and E. G. GRAU : Some endocrine factors affecting the development of seawater tolerance during the parr-smolt transformation of the amago salmon, *Oncorhynchus rhodurus*. *Aquaculture*, **28**, 81～90 (1982).

52) H. UEDA, Y. NAGAHAMA, F. TASHIRO and L. W. CRIM : Some endocrine aspects of precocious sexual maturation in the amago salmon, *Oncorhynchus rhodurus*. *Bull. Jap. Soc. Sci. Fish.* (submitted), (1982).

53) S. M. V. HUNT, T. H. SIMPSON and R. S. WRIGHT : Seasonal changes in the levels of 11-oxotestosterone and testosterone in the serum of male salmon, *Salmo salar* L., and their relationship to growth and maturation cycle. *J. Fish Biol.*, **20**, 105～119 (1982).

54) M. ABRAHAM, E. RAHAMIM, H. TIBIKA and E. GOLENSER : The blood-testis barrier in *Aphanius dispar*(Teleostei). *Cell Tissue Res.*, **211**, 207～214 (1980).

55) L. W. CRIM and D. M. EVANS : Seasonal levels of pituitary and plasma gonadotropin in male and female Atlantic salmon parr. *Can. J. Zool.*, **56**, 1550～1555 (1978).

56) H. UEDA and Y. NAGAHAMA : unpublished data.

57) H. UEDA, G. YOUNG, L. W. CRIM, A. KAMBEGAWA and Y. NAGAHAMA : 17α, 20β-Dihydroxy-4-pregnen-3-one :Plasma levels during sexual maturation, and *in vitro* production by the testes of amago salmon (*Oncorhynchus rhodurus*) and rainbow trout (*Salmo gairdneri*). *Gen. Comp. Endocrinol.*, (in press), (1982).

Ⅱ. ホルモン処理による成熟・産卵の制御

3. 卵黄形成と精子形成

高　橋　裕　哉*

性成熟の制御という問題には配偶子の形成と発達の人為的な促進ならびに抑制という二面が含まれようが，本項では卵黄形成ないし精子形成を開始させその進行を促す人為的処置，とくに物質投与の効果についてのみに話題を限ることとする．このような処置は自然条件下では成熟卵の得られないウナギや，飼養条件下で成熟産卵のみられない魚種に適用されようし，今後養殖対象が海産魚を含む多くの魚種に拡大されるにつれてその必要性を高めるとみられるが，基礎的な研究の積み重ねは未だ十分とはいい難い現状にある．

§1. 卵黄形成

雌魚の成熟はその卵巣卵が将来の胚仔の健全な発生を保証するに足る量の卵黄を蓄積しおえた時点で達成される．卵巣卵に蓄積される卵黄のうち脂肪性卵黄については不明な点が多いが，タンパク性卵黄の蓄積は雌魚の肝臓で合成され血中に放出されるビテロゲニンの卵巣卵へのとり込みに始まる．ビテロゲニンの合成刺激に必須な雌性ホルモンの産生分泌，およびビテロゲニンの卵巣卵へのとり込みという2つの主要な過程はともに脳下垂体の生殖腺刺激ホルモン(GTH) による調節を必要とする（図3·1).

魚類の卵黄形成の人為的誘発と促進はこのような GTH の動きを人為的に刺激するか，または魚それ自体の GTH と同様な生物作用をもつ物質を強制的に与えることによりなされる．しかし親魚をなるべく生理的に正常な状態において卵巣卵を正常に発達させるためには，図3·1に示した内分泌連鎖の上位を刺激対象とすることが望ましいと思われる．この意味では外部環境要因のコントロールによる方法が最良と考えられるが，これについては別項で詳述され

* 北海道大学水産学部

る．

1·1 GTH 放出ホルモン（GTH-RH）の利用

哺乳類の黄体形成ホルモン放出ホルモン（LH-RH）が魚類でも GTH 放出

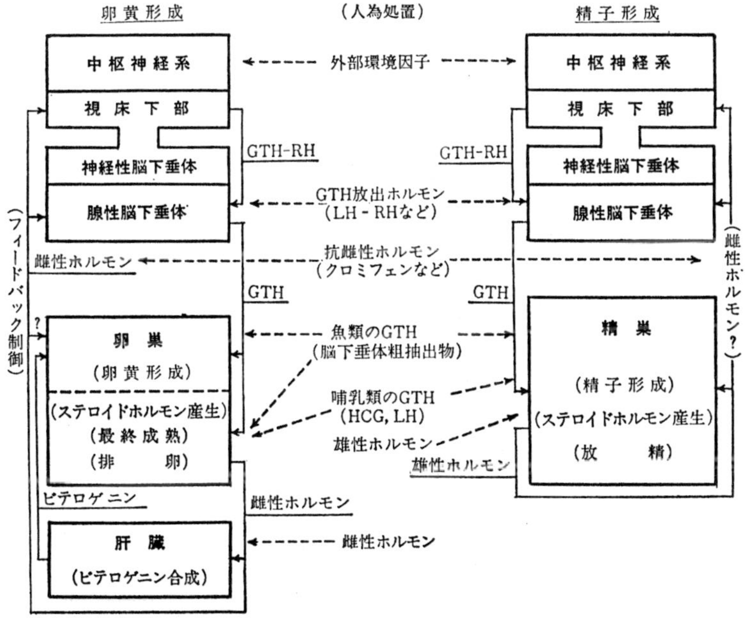

図 3·1 魚類の配偶子形成にかかわる諸因子．破線矢印はそれぞれの人為処置が作用する生体内レベルを示す．

を惹起して排卵を導くことは数種で確かめられているが，実験的に卵巣を退縮させたメダカ成体では，この物質が GTH 産生細胞を活性化し卵巣の発達を刺激することも知られている[1]．しかし欧州ウナギでは，LH-RH は卵巣の成熟を全く刺激しなかった[2]．また卵黄形成初期のブラウントラウトに LH-RH を与えても GTH，雌性ホルモンおよびビテロゲニンの血中量に変化はないという[3]．未熟魚の脳下垂体が LH-RH 処理に対して反応をみせぬ事実はニジマスでも報告されている[4]．これらの結果は上述のメダカでのそれと合致しないが，LH-RH の効果の有無は処理魚の生殖腺の状態とよりも，むしろその脳下垂体の GTH 産生能との関連で検討するのが妥当と思われる．

下りウナギ雌の脳下垂体の GTH 含量はごく低いらしい[5]．事実それらの

GTH 産生細胞は少数かつ小型で，分泌顆粒も少量をもつにすぎない．しかし下りウナギ雌にサケ脳下垂体を反復投与すると，GTH 産生細胞は次第に数を増すとともに分泌顆粒も大型化し著しく大量が貯留されるにいたる[6]．この現象は外因性 GTH により発達を刺激された卵巣から分泌された雌性ホルモンの作用によるらしい．欧州ウナギではエストラジオールの投与が同様な結果を導くと報告されている[7]．未熟なウナギでも，それ自身の GTH の合成と貯留をこのような手段で促すこともできるわけである．

芳香化酵素により雌性ホルモンに転換されうる雄性ホルモンも同様に GTH 産生細胞の分化と機能化を導く[8]が，ニジマスではテストステロン処理による脳下垂体 GTH 含量の増加に伴って，LH-RH に対する GTH 放出反応が高まる[4]．このように LH-RH は GTH の脳下垂体貯留が進行する時期には，その卵黄形成に対する促進効果を期待できると思われる．

1·2 抗雌性ホルモンの利用

クロミフェンやタモキシフェンなど抗雌性ホルモン剤（antiestrogen）は，魚自体の雌性ホルモンによる脳下垂体 GTH 放出の抑制を解除して GTH を一挙に放出させる効果をもつ（図 3·1）ので，排卵誘発にはもちろん卵黄形成の進行の促進にも用いうる可能性がある．卵黄形成期初期にあるキンギョの雌成魚はクロミフェン 1 μg/g 体重の反復投与に反応して卵巣の顕著な発達をみせるが，卵巣卵が周辺仁期の発達段階にある未熟幼魚はそのような反応をみせない[9]．

クロミフェンはおそらく GTH-RH を介して GTH 放出を導くのであろうから，その未熟魚での無効性は前述の LH-RH に対する不応性に照らして当然といえようが，キンギョ幼魚の GTH 産生細胞はクロミフェン処理により若干の活性化をみせたので，この場合には卵巣自体の GTH に対する感受性が問題となるかもしれない．さらに肝臓でのビテロゲニン合成が雌性ホルモンの支配下にあることを考えると，卵巣発達の初期からの抗雌性ホルモンの使用は Donaldson *et al.*[10] が指摘するように，卵発達に有害な作用を及ぼすことも考えられる．

抗雌性ホルモンは非ステロイド系の化学合成品で，取扱いが容易であり，また経口的に与えても有効とみられる．さらにキンギョではクロミフェンが体成長をも促すという興味ある結果が得られてもいる[9]．GTH の生物作用が同種のもので最も強いという種属特異性の問題をも考慮すると，GTH-RH ないし抗雌性ホルモン処理によって対象魚それ自体の GTH の利用を図ることは今後大いに検討されてよかろう．

1・3 GTH の利用

GTH は卵巣に直接作用して卵黄形成の誘起と進行を促すので効果が最も顕著である．しかし一般に性成熟の誘導には比較的長期間を要するので，図 3・1 に示した内分泌連鎖の最下端に近い GTH の反復投与は他の内分泌諸系の大きな変動をも招いて対象魚の生理的状態を著しく損うことにもなりかねない．このことは GTH の使用に際し十分に念頭におくべきである．

周知のように哺乳類起源の GTH で魚類の排卵誘導に有効な黄体形成ホルモン（LH）やヒト絨毛性性腺刺激ホルモン（HCG）は魚類の卵巣発達には無効であるのが一般である．これはこれらの GTH が，魚類卵巣での雌性ホルモン産生を促しそれを介して肝臓でビテロゲニンを合成させはするが，ビテロゲニンの卵巣卵へのとり込みを刺激する性能を欠くからである[11]．魚類の GTH が魚類でこの双方の作用を顕著に示すことはいうまでもない．

魚類の脳下垂体抽出物が魚類の生殖腺の発達を明らかに刺激することはかなり古くから知られている．サケ・マス類では主に池中養殖ないし成熟蓄養に際しての成熟促進を目的として脳下垂体処理がなされている[12]．またウナギの雌は降海期にもなお卵黄蓄積の開始期ないしそれ以前の段階の卵巣卵をもつ未熟な状態にあるが，Fontaine *et al.*[13] が欧州ウナギの下り雌にコイ脳下垂体を与えて成熟を導いて以来，いくつかの成功例が報告されている．最近の研究例ではコイ，サケなど魚の脳下垂体の単独投与がなされている場合と，それと HCG とが併用されている場合とがある．とくに I. Boëtius and J. Boëtius[14] はコイ脳下垂体と HCG との組合せが前者単独よりも効果的と結論し，これを標準処理法として用いている．

脳下垂体を正常にもつ魚で HCG がある程度の成熟促進効果をもつという報告は他の魚種についても散発的ながらみられるし，哺乳類で示唆されているように HCG が内因性 GTH の放出を刺激する可能性もなくはない．また雌性ホルモン産生を促してビテロゲニンを合成させうることも確かのようである．このようにHCGは魚類での卵黄形成の進行にたとえ附加的ではあっても有効でありうるかもしれない．

筆者ら[15,16]は日本ウナギの下り雌にサケ脳下垂体粉末（SP）2mg/100g体重を週1回腹腔内に注射し，早ければ9～10週後に成熟個体を得ることができた(図3·2)．卵巣成熟度指数（GSI）は対照魚では1～2.5%程度であったが，処理魚では4週後に10%前後，8～9週後には40～50%に達した．このGSIの増加は血中ビテロゲニン量の上昇および卵巣卵の卵黄蓄積の進行と平行しており，SPの投与が卵黄形成の開始と進行に十分な作用をもつことを示した[17]．HCGは単独では催熟効果をほとんど持たなかったが，SP処理によりあらかじめ成熟が促されていた場合にはGSIを上昇させたので，卵黄形成の後期には有用であるかもしれない．

SPのような脳下垂体粗抽出物にはGTH以外の多種類のホルモンもまた含まれているため，その反復投与は処理魚の体内の生理的平衡を乱しやすいと推

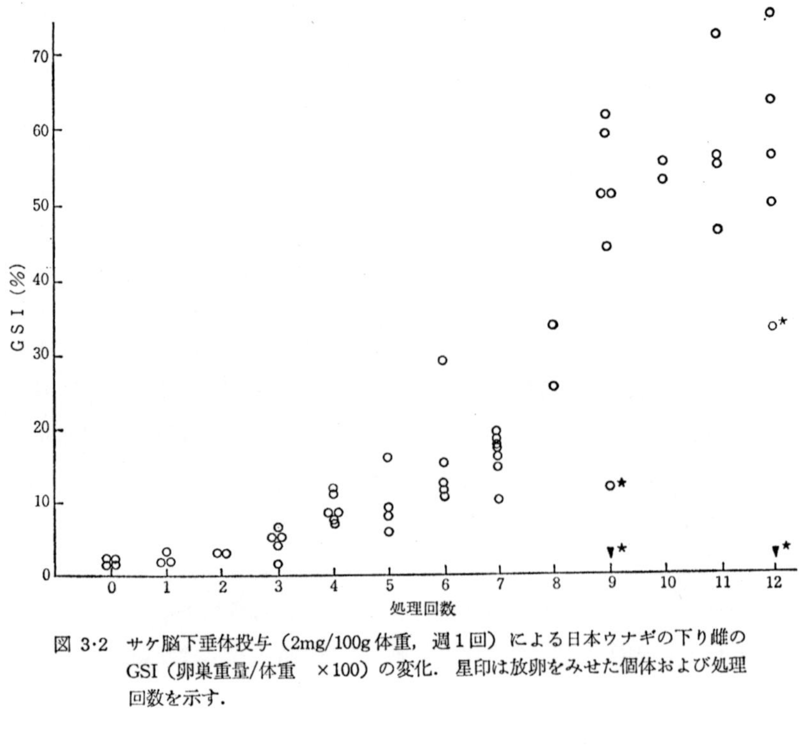

図 3·2　サケ脳下垂体投与（2mg/100g体重，週1回）による日本ウナギの下り雌のGSI（卵巣重量/体重　×100）の変化．星印は放卵をみせた個体および処理回数を示す．

測される．この観点からすると精製された魚GTHを使用することが望ましいように思えるが，欧州ウナギ雌の成熟刺激には精製コイGTHよりもコイ脳下垂体粗抽出物の方がよいとする報告[18]や，ニジマス卵巣卵のビテロゲニンのとり込みには部分精製マスノスケGTHには含まれていないホルモン物質が必要との知見[19]もあるので，魚類の雌の催熟には今のところ魚類の脳下垂体の磨砕物ないし粗抽出物を用いるのが実際的といえよう．

近年サケ，コイなどいくつかの魚種のGTHに卵の最終成熟と排卵を主導する糖タンパク型のものと，卵巣卵のビテロゲニンのとり込みに選択的に働く非糖タンパク型のものの2種類が存在することが知られるにいたった[20]．細胞学的にもサケ，ドジョウなどの腺性下垂体内にはGTHを産生すると目される2型の腺細胞が識別される[21]．この2型のGTH産生細胞と上記の2種類のGTHとの異同はまだ明らかではないが，細胞学的にみると2種類のGTHの含量比が魚の成熟段階に応じて異なる可能性がうかがわれる．あるいは将来このことが，適切な成熟段階の魚の脳下垂体を処理魚の成熟の進行に応じて使い分けるなどの，催熟法の改良につながるかもしれない．

催熟対象魚の成熟をなるべく正常に近く行わせる適切な脳下垂体投与量は，魚種ごとに試行によって決定する以外にない．適切投与量は1回の投与量と投与回数または間隔との関連，および脳下垂体内のGTH含量との関連で定められよう．後者については前述の含有GTHの種類の問題や供与魚の性による差も考えねばならないが，これらの問題は脳下垂体のすべてをプールして投与に用いることで実際上は解消できる．一般的にいって催熟目的には大量長間隔の処理よりも少量短間隔のそれの方が好結果を生むらしい．単一注射されたGTHの血中量はその投与量とは無関係に注射後1～3日目に高く4日目以降には急激に減少する[22]というので，投与間隔が長いとGTHの効果の持続性を期し難くなるからであろう．欧州ウナギ雌の催熟試験例でI. Boëtius and J. Boëtius[14]は，コイ脳下垂体粉末15mgとHCG 500 IUとの組み合せ投与を週2回実施した方がそれぞれの倍量の投与を週1回行うよりも好結果を生ずると報告している．

ウナギ雌の成熟誘導に関しては重要な問題が残されている．それはこれまでの卵巣成熟誘導の成功例数の割に確実な受精卵が得られた例が著しく少ないことである[23)]. 最近 EPLER *et al.*[24)]はこの原因として，初期熟度が日本ウナギよりも低い欧州ウナギでは催熟処理によって卵黄蓄積が完全になされ得ないためと推定している．GTH の反復投与が卵黄蓄積完了前の卵巣卵を最終成熟と排卵の過程に早熟的に進入させる危険性は十分考慮されねばならないが，少なくとも日本ウナギでの卵黄形成は前述のように十分になされたと考えられる．むしろ問題はこのようにして成熟したウナギが健全な卵を排卵し得ないことにある．次項に詳述されるような他魚種の排卵誘発に有効とされる処理にも確定的に効くものがみいだされていない．

この理由は明らかではないが，本来完全同調型とみられるウナギの卵巣卵の発達の度合に大幅な変異がみられること[23)]などから，卵巣自体の GTH への反応性のなんらかの障碍が疑われる．また自然放卵をみせたウナギの脳下垂体では GTH 産生細胞のほとんどすべてが脱顆粒をみせるのに対し，GSI が60%以上に達しながらもなお排卵をみせぬ個体のそれでは同細胞の分泌顆粒の保有状態がきわめて多様である[6)]．このことは催熟ウナギの排卵に内因性 GTH の大量放出が必要なことを示すものかもしれず，その機構の正常性の維持が催熟処理により影響される可能性を暗示すると思われる．

従来ウナギの催熟試験はいわゆる下りウナギを用いてなされてきているが，親魚確保の意味では養成ウナギを用いることにも価値があろう．郭[25)]は養成日本ウナギ雌にコイ脳下垂体とシナホリンを併用して成熟誘起に成功したが，その成熟の進行はきわめて緩慢であったと報じている．筆者らも日本ウナギの養ボクに SP 2 mg/100g 体重の週 1 回の処理を試みたが，GSI の増加は 8 週後にもなお最大で15%程度にすぎず，下りウナギを用いた場合と大きな差をみせた．欧州ウナギの養ボクについても同じ処理を行ったところ，19週後に放卵個体が得られたが，その時点でもなお GSI がかなり低いままの個体もあり，また卵巣卵の卵黄形成の進行が個体によってかなり相違していた（表 3·1）．しかし処理法の改善と処理魚の適切な選択によって，養成ウナギを種苗生産用親魚に用いることは十分に可能と思われる．

1·4 性ホルモンの利用

未熟ニジマス雌にマスノスケ GTH とエストラジオールを組み合わせて投与すると卵黄形成の進行が GTH 単独の場合よりも著しかったという報告[12)]があ

る．このように雌魚の催熟に雌性ホルモンが他と併用される例が時折みられるが，これは雌性ホルモンのビテロゲニン合成刺激作用を期待してのものであろう．しかし上述のニジマスの場合にも，エストラジオールは 1.5 μg/g 体重で

表 3·1　サケ脳下垂体投与（2mg/100g 体重，週1回）をうけた欧州ウナギの養成雌の，生検により調べた卵巣卵の成熟変化．A．油球期　B．第1次卵黄球期　C．第2次卵黄球期　D．第3次卵黄球期　E．核移動期

個体記号	体　長 (cm)	処理回数											GSI
		0	10	11	12	13	14	15	16	17	18	19	
2-BB	69.1	A	A	A		A	A	A	A	A	A	A	3.1
2-B	66.4	A	A	A	A-B	A-B	B	B	B-C	C	C	C	10.7
2-Y	73.4	A	A	A	A-B	B	B	C	C	C	C	C-D	13.8
2-W	66.5	A	A	B	B	B-C	B-C	C	C	C	C	D	22.9
2-N	75.7	A	B	B-C	C	C	C	C	C	D	D	E	43.3
2-BW	62.9	A	B	B-C	C		C	C	C-D	D	D	E	53.2

は効果があったが 15 μg では卵黄形成をかえって抑制した．

一般的にいって成熟途上の雌魚への雌性ホルモン投与は卵巣発達を阻害しやすい．これは脳下垂体からの GTH 放出の抑制と，投与量によっては卵巣への直接的害作用とによるものである．雌性ホルモンの投与は確かにビテロゲニンの合成を促すが，ときに卵巣の GSI の軽度の上昇を惹起することはあっても卵巣卵での卵黄蓄積を刺激することはないようである[26]．むしろ立鱗，眼球突出，腹水貯留などの病的症状を発生させやすい．

したがって雌性ホルモンはその肝臓への作用と前述した GTH 産生細胞の機能化への作用を勘案して，未熟魚での卵黄形成誘発を目的とした前処置的な考え方で用いられるのが妥当と思われる．

§2.　精子形成

魚類の精子形成の過程が根本的に GTH の支配下にあることは卵黄形成の場合と同じである（図 3·1）．実験的には GTH の刺激下に精巣で産生される雄性ホルモンがそれ単独でも精子形成活動を維持し得ることが知られている．しかし未熟魚での精子形成の開始には GTH の存在が不可欠のようである[33]．

精子の形成は卵黄蓄積中の卵巣卵にみられるような減数分裂の停止の期間を

要しないため相対的に速く進行する．この精子形成速度は，人為催熟の場合雌の成熟との同調を図るうえで考えにいれておかねばならない．精子形成速度にはGTHなどの内因のほかに水温も直接的に影響をもつ．

薬物投与による雄魚の成熟の誘起と促進には，要するに対象魚の血中にGTHの持続的な存在をもたらし得る方法ならばすべて適用できるといってよい．

LH-RHは雌魚と同様雄魚でも血中GTH量を上昇させる[27]．LH-RHに対するニジマスのGTH放出反応は精子形成開始期には低いが精母細胞の出現とともに増大する[28]．またブラウントラウトでのこの反応の惹起には比較的大量のLH-RHが必要とされるが，完全に未熟な雄では反応がないという[29]．すなわちLH-RHは雄でも脳下垂体のGTH産生細胞が機能化してさえいれば十分に有効と考えられる．抗雌性ホルモンも同様で，成熟途上のキンギョ雄[9]ないしティラピア雄にクロミフェンを与えると精子形成が明らかに促進される．

GTHが精子形成誘起に著効を示すことはいうまでもない．たとえばニジマスでは未熟雄にサケGTH 1 μg/g体重を隔週に腹腔内注射して12週後に成熟精子が得られている[30]．また比較的短期間で完了する雄の成熟誘導には，GTHをコレステロールを基材としたペレットの形で腹腔内に移植する[31]など，反復投与の害を最小限にとどめる簡便な処理法も用いられている．

ウナギの雄の人為催熟例も比較的多くみられる．これらでは哺乳類起源のGTHが効果をあげている点が卵黄形成誘発の場合との大きな差異として注目される．たとえばごく未熟な養成ウナギ雄でも，哺乳類の脳下垂体GTHとHCGの混合製剤100 RUの週1回6回の投与後に放精がみられている[32]．欧州ウナギでもHCG 100 IUを週1回計6回注射して成熟個体が得られている[33]．HCGのこのような効果は脳下垂体を摘除された雄でもみられる[34]ので，精巣への直接作用の結果らしい．筆者の研究室では体長42〜60 cmの養殖ウナギ雄に250 IU/尾のHCGを与えて十分な催熟効果を確認した．

ただこの実験では処理雄に全く成熟をみせない個体が少なからず出現した．組織学的にみるとこれらはすべて生殖細胞を欠く異常な生殖腺をもっていたが，同様な状態が無処理個体にもみられたので催熟処理がその生起の原因ではない．また処理魚では発達した精巣がさまざまな部位で欠落している場合もあった．魚類の正常な生殖腺の形成は生殖細胞が分布している部位に限られるので，処理に用いた未熟ウナギの精巣では精原細胞の増殖とそれに伴う分布の拡大が不十分であったものと思われる．幼若な魚を催熟対象とする場合にはこのような現象にも注意を払う必要があるかもしれない．

いずれにせよ魚類の雄の成熟の誘発と促進には哺乳類起源の HCG や LH も十分に有効である．魚類の GTH とみなされるもののうち前述の糖タンパク型の GTH は雄性ホルモンの産生，放精，および性ホルモン結合タンパクの産生を統御するとされる[35]が，他の 1 種類の非糖タンパク型 GTH が雄でどのような生理的意義をもつかは不明である．また雄性ホルモンは精子形成を促進する作用をもつが，欧州ウナギに雄性ホルモンを単独投与しても雄の成熟が誘起されることはなかったという[33]．

最後に，人為的に成熟を誘導した雄魚から得られる精子の質的な検討はごく僅かしかなされていない．サケ GTH の投与で催熟されたニジマスでは精子形成の進行過程が組織学的に正常であったと報じられている[30]．欧州ウナギでは催熟処理を淡水中で行うよりも海水中で行った方がより良質の精子が得られ[33]，精子の運動時間が処理開始後10～12週の間で最長である[36]などの知見が得られている．卵質と同じく精子の質の検討も人為催熟による種苗生産の効率を高めてゆくうえでの重要な課題の一つであると思われる．

参 考 文 献*

1) K. K.S. Chan : Effect of synthetic luteinizing hormone-releasing hormone (LH-RH) on ovarian development in Japanese medaka, *Oryzias latipes*. *Can. J. Zool.*, **55**, 150～160 (1977).

2) M. Fontaine : Hormones and control of reproduction in aquaculture. *J. Fish. Res. Board Can.*, **33**, 922～939 (1976).

3) L. W. Crim and D. R. Idler : Plasma gonadotropin, estradiol, and vitellogenin and gonad phosvitin levels in relation to the seasonal reproductive cycles of female brown trout. *Ann. Biol. anim. Bioch. Biophys.*, **18**, 1001～1005 (1978).

4) L. W. Crim and D. M. Evans : LH-RH-stimulated gonadotropin release from the rainbow trout pituitary gland : an *in vitro* assay for detection of teleost gonadotropin releasing factor(s). *Gen. Comp. Endocrinol.*, **40**, 283～290 (1980).

5) E. Burzawa-Gerard, S. Dufour and Y. A. Fontaine : Relations immunologiques entre les hormones glycoprotéiques hypophysaires de poissons et de mammifères ainsi qu'entre leurs sous-unites α et β. *Gen. Comp. Endocrinol.* **41**, 199～211 (1980).

* 文献はなるべく重要かつ最新のものに限った．

6) H. UEDA and H. TAKAHASHI : Changes of pituitary gonadotrophs associated with artificial maturation in silver females of the Japanese eel, *Anguilla japonica*. *Bull. Fac. Fish. Hokkaido Univ.*, **29**, 299～307 (1978).

7) M. OLIVEREAU and P. CHAMBOLLE : Ultrastructure des cellules gonadotropes de l'anguille normale et après injection d'oestradiol. *C. R. Acad. Sc. Paris*, D **287**, 1409～1412 (1978).

8) L. W. CRIM, R. E. PETER and R. BILLARD : Onset of gonadotropic hormone accumulation in the immature trout pituitary gland in response to estrogen or aromatizable androgen steroid hormones. *Gen. Comp. Endocrinol.*, **44**, 374～381 (1981).

9) H. UEDA and H. TAKAHASHI : Promotion by clomiphene citrate of gonadal development and body growth in immature and maturing goldfish, *Carassius auratus*. *Bull. Fac. Fish. Hokkaido Univ.*, **28**, 106～117 (1977).

10) E. M. DONALDSON, G. A. HUNTER and H. M. DYE : Induced ovulation in coho salmon (*Oncorhynchus kisutch*). III. Preliminary study of the use of the antiestrogen Tamoxifen. *Aquaculture*, **26**, 143～154 (1981).

11) P. NATH and B. I. SUNDARARAJ : Induction of vitellogenesis in the hypophysectomized catfish, *Heteropneustes fossilis* (BLOCH) : effects of piscine and mammalian hormones. *Gen. Comp. Endocrinol.*, **43**, 191～200 (1981).

12) J. D. FUNK, E. M. DONALDSON and H. M. DYE : Induction of precocious sexual development in female pink salmon (*Oncorhynchus gorbuscha*). *Can. J. Zool.*, *51*, 492～500 (1973).

13) M. FONTAINE,, E. BERTRAND, E. LOPEZ and O. CALLAMAND : Sur la maturation des organes génitaux de l'anguille femelle (*Anguilla anguilla* L.) et l'émission spontanée des oeufs en aquarium. *C. R. Acad. Sc. Paris*, D, **259**, 2907～2910 (1964).

14) I. BOËTIUS and J. BOËTIUS : Experimental maturation of female silver eels, *Anguilla anguilla*. Estimates of fecundity and energy reserves for maturation and spawning. *Dana*, **1**, 1～28 (1980).

15) K. YAMAMOTO and K. YAMAUCHI : Sexual maturation of Japanese eel and production of eel larvae in the aquarium. *Nature*, **251**, 220～222 (1974).

16) K. Yamauchi, M. Nakamura, H. Takahashi and K. Takano : Cultivation of larvae of Japanese eel. *Nature*., **263**, 412 (1976).

17) 高島葉二・高野和則・原　彰彦：人為催熟ウナギ（*Anguilla japonica*）の成熟に伴う雌特異血清蛋白の変化．北大水産彙報，**30**，50～61（1979）.

18) Y. A. FONTAINE, N. DELERUE-LE BELLE and E. FONTAINE-BERTRAND : Influence d'une stimulation hormonale sur le rapport gonadosomatique et sur les activités adényl cyclase et AMPc-phosphodiestérase de l'ovaire chez l'anguille argentée (*Anguilla anguilla* L.). *Gen. Comp. Endocrinol.*, **29**, 253～254 (1976).

19) S. N. UPADHYAY, B. BRETON and R. BILLARD : Ultrastructural studies on experimentally induced vitellogenesis in juvenile rainbow trout (*Salmo gairdneri* R.). *Ann. Biol. anim. Bioch. Biophys.*, **18**, 1019～1025 (1978).

20) D. R. IDLER and T. B. NG : Studies on two types of gonadotropins from both salmon and carp pituitaries. *Gen. Comp. Endocrinol.*, **38**, 421～440 (1979).

21) H. UEDA and H. TAKAHASHI : Responses of two different types of pituitary gonadotrophs of the loach, *Misgurnus anguillicaudatus*, to gonad-

ectomy and to exogenous sex steroids. *Gen. Comp. Endocrinol.* **40**, 463～472 (1980).

22) K. Bieniarz, P. Epler, L. N. Thuy and B. Breton : Changes in blood gonadotropin level in mature female carp following hypophysial homogenate injections. *Aquaculture*, **20**, 65～69 (1980).

23) 杉本良郎・武内良雄・山内皓平・高橋裕哉：サケ脳下垂体投与によるウナギ（*Anguilla japonica*）雌の成熟誘導と成熟卵の油球の状態について．北大水産彙報，**27**，107～120（1976）.

24) P. Epler, E. Kamler and K. Bieniarz : Investigations on artificial maturation of females of European eel (*Anguilla anguilla* L.) ; quality of eggs. *Pol. Arch. Hydrobiol.*, **28**, 135～146 (1981).

25) 郭　河：鰻魚（*Anguilla Japonica*）人工催熟試験．漁牧科学雑誌，**4**，1143～1151（1977）.

26) B. I. Sundararaj and P. Nath : Steroid-induced synthesis of vitellogenin in the catfish, *Heteropneustes fossilis* (Bloch). *Gen. Comp. Endocrinol.*, **43**, 201～210 (1981).

27) R. E. Peter : Serum gonadotropin levels in mature male goldfish in response to luteinizing hormone-releasing hormone (LH-RH) and des-Gly^{10}-[D-Ala^{6}]-LH-RH ethylamide. *Can. J. Zool.*, **58**, 1100～1104 (1980).

28) C. Weil, R. Billard, B. Breton and B. Jalabert : Pituitary response to LH-RH at different stages of gametogenesis in the rainbow trout (*Salmo gairdneri*). *Ann. Biol. anim. Bioch. Biophys.*, **18**, 863～869 (1978).

29) L. W. Crim and D. M. Cluett : Elevation of plasma gonadotropin concentration in response to mammalian gonadotropin releasing hormone(GRH) treatment of the male brown trout as determined by radioimmunoassay. *Endocr. Res. Commun.*, **1**, 101～110 (1974).

30) M. G. Drance, M. J. Hollenberg, M. Smith and V. Wylie : Histological changes in trout testis produced by injections of salmon pituitary gonadotropin. *Can. J. Zool.*, **54**, 1285～1293 (1976).

31) C. N. MacKinnon and E. M. Donaldson : Comparison of the effect of salmon gonadotropin administered by pellet implantation or injection on sexual development of juvenile male pink salmon (*Oncorhynchus gorbuscha*). *Can. J. zool.*, **56**, 86～89 (1978).

32) 山本喜一郎・広井　修・平野　忠・森岡孝朗：シナホリン投与による養殖ウナギの精巣催熟について．日水誌，**38**，1083～1090（1972）.

33) K. Bieniarz and P. Epler : Investigations on inducing sexual maturity in the male eel, *Angulla anguilla* L. *J. Fish Biol.* **10**, 555～559 (1977).

34) I. Boëtius and J. Boëtius : Studies in the European eel, *Anguilla anguilla* (L.). Experimental induction of the male sexual cycle, its relation to temperature and other factors. *Meddr. Danm. Fisk. og Havunders.* (N. S.), **4**, 339～405 (1967).

35) T. B. Ng and D. R. Idler : Gonadotropic regulation of androgen production in flounder and salmonids. *Gen. Comp. Endocrinol.*, **42**, 25～38 (1980).

36) M. Moczarski and M. Koldras : Characteristics of the eel sperm. *Acta Hydrobiol.*, **21**, 291～300 (1979).

4. 卵の成熟と産卵

広 瀬 慶 二*

魚類の卵巣のホルモンによる人為制御は，実利的な意味合，即ち親魚の成熟促進，産卵時期の調節，受精率の向上など様々な目的に即して多くの研究が進められている．ここでは，卵巣の成熟の中でも最も重要と思われる卵黄形成完了後の卵巣卵の最終成熟，即ち卵黄顆粒の融合，胚胞の動物極への移動，成熟分裂から排卵および排卵後一定時間の経過して見られる産卵について，近年明らかにされつつある興味ある事実を中心に記述し，それらの問題点についても触れてみたい．

§1. ホルモンによる人為制御の実例

ホルモン投与による魚類の成熟促進や産卵についての最近の代表的報告例を表 4·1 に示す．ここに示したように，多くの試みでのホルモンの投与回数は 1～2 回である．これは，用いている親魚の成熟がかなり進んでいたことを意味

表 4·1 ホルモンによる人為成熟並びに産卵の最近の例

魚 種	ホルモン及び投与回数		ホルモン投与の必要性	成熟促進並びに受精	卵質	実 施 機 関
ギンザケ[1,2]	SG-G100 LH-RH	1～2	あり？	良 い	良 い	カナダの西バンクーバー実験所
ボラ[3~5]	ボラの下垂体	1～2	あ り	良 い	良 い	ハワイ海洋研究所 台湾東港水産試験場
サバヒー[6,7]	コイ及びサケの下垂体，HCG	1～2	あ り	良 い	良い？	ハワイ海洋研究所 フィリッピン SEAFDEC
中国及びインドコイ[8~10]	コイの下垂体	1～2	あ り	良 い	良い？	インド中央水産試験場
クロダイの一種[11]	HCG*	1～2	あ り	良 い	一部分が良い	イスラエル増殖試験場
ウナギ[12~15]	ハクレン及びサケの下垂体	8～16	あ り	少数例の成功	不 明	東大農学部，北大水産学部 静岡及び千葉水試
ブリ[16,17]	HCG アマゴ下垂体	1～2	あ り	良 い	一部分が良い	日本栽培漁業協会 高知大農学部

* 胎盤性生殖腺刺激ホルモン

* 東海区水産研究所

する．ホルモン投与の目的は様々であり，単に成熟期にホルモンや魚の脳下垂体のホモジネートを親魚に投与し種苗を得るためや表 4·1 に示したカナダのギンザケの例[1,2]のように，厳寒期の産卵を早めるために実施している場合もある．またフィリッピンの SEAFDEC では，成熟期のサバヒーの成熟促進は成功しつつあるが，成熟期外の魚にくり返し様々なホルモン投与を行っているが成熟は成功していない[18]．これはホルモンの多回投与の方法や投与開始時の成熟状態が極端に悪かったなどに考慮すべき点があろう．

わが国でも，単なる成熟促進や受精率の向上などのためホルモン投与が行われている．最も代表的な例はブリ[16,17]とウナギ[12~15]であろう．ブリは，諸外国の例と同様にほぼ卵黄形成を完了している個体にアマゴの脳下垂体や HCG（胎盤性生殖腺刺激ホルモン）を投与し産卵を促しているが，ふ化率が低くかったり，ふ化仔魚の奇型率が高いこともあり，卵質についての検討が必要と思われる．ウナギはホルモン投与開始時の熟度は卵黄形成の初期であり，他の例とはようすが違う．いわゆる多回投与の代表例であり，親魚の選定や育成，および成熟した親魚の健康や卵質など検討すべき問題が多い．表 4·1 に示した実例に限っても，産卵期を早めるギンザケの場合を除き，ホルモン処理により恒常的に正常なふ化仔魚を多く生産しているのは，ボラ，次いでブリである．他の魚種では，ウナギのような多回投与でないにもかかわらず，まだかなりの未解決な問題があると考えられる．

§2. ホルモン分泌

コイやサケ科魚類の脳下垂体からの生殖腺刺激ホルモン GTH（ゴナドトロピン）の抽出，純化が進み，魚の血中や脳下垂体中のゴナドトロピンの測定がラジオイムノアッセイ（RIA）法により行われるようになってきた[19~22]．RIA 法は鋭敏（0.3 ng/ml 程度が測定限界）で，かつ多くの試料を同時に処理できる利点があり，今後さらに広く用いられよう．しかし，RIA 法による値が真のホルモンの生物学的力価を示しているかという疑問があり，また種特異性が強く，すべての魚種で用いられない等の問題もあり，ホルモンの生物学的測定法（bioassay）[23~25] についても注目する必要がある．RIA 法を使用し最終成熟*，

* final maturation，卵黄形成終了から排卵までの過程

排卵時の血中のGtH濃度の変動について，Stacey *et al.*[26] はキンギョで報告している．彼らは，13°Cに保っていた魚を実験第1日目の夕方6時から水温を上げて21°Cに保つと2日目の昼頃から急激に血中のGTH濃度が，排卵に先行しながら上昇し140 ng/ml に達し，数時間後にそれらの魚は排卵することを明らかにした．また排卵後8～10時間以内に血中のGTH値は減少し元のレベルに達することから，魚類の成熟分裂・排卵時にも脳下垂体からのゴナドトロピンサージがあることを実験的に示した．GTHの変動パターンは魚種により異なることが考えられる．特に，ニジマスでは，排卵後3週間程度GTHが高いことが報告されている[27]．これは，排卵後体腔液中にある卵の受精能の持続時間と関連しているかも知れない．自然産卵した魚の血中GTH濃度の変化は，サケ科魚類で多く調べられており[20,21,28,28]，基本的にはキンギョの場合と同様にゴナドトロピンのサージが存在する．

投与したホルモンの挙動は，飼育温度，魚の成熟状態やホルモンとそのレセプターとの関連で研究が進められている．Crim and Evans[30] はSG-G100（マスノスケのゴナドトロピン）を0.02 μg/gと0.2 μg/gの量を未熟なニジマスに投与し，GTHの消長を水温との関係で調べた．6°と15°Cでは，血中のGTHの消長に大きな差は認められないが，2°と15°Cの間では，SG-G100投与後15°Cは2～3日で元のレベルに達するが，2°Cでは7日以上も要することが明らかにされた．ニジマスの親魚で，投与したホルモンがどのような挙動を示すかは不明である．Cook and Peter[31] は，成熟した雄キンギョを12°と20°Cに飼育し，コイのGTH投与後の血中のGTH値の

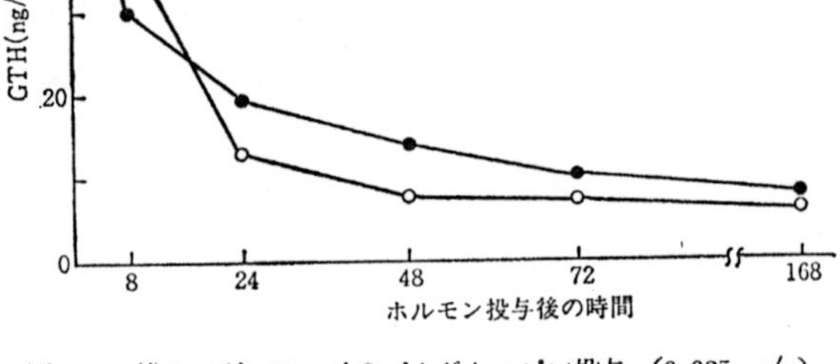

図 4·1　雄キンギョにコイのゴナドトロピン投与（0.025 μg/g）後の血中 GTH 値の減少パターン（Cook & Peter[31] より）．

変化を観察している．その結果，20°Cでは12°Cよりも1.7倍も早く血中濃度が半減することを示している（図4·1）．これらの事実は，投与したホルモンが高水温下で急速に吸収あるいは分解されることを示唆している．また投与されたホルモンは，卵巣卵の表面にあると考えられているレセプターと結合しなければその作用を発揮しない．未熟や退行中の卵巣卵でのホルモンの結合力は低いことが明らかにされつつあり[32]，ある一定以上の熟度に達していない魚に対するホルモンの効果は悪いことが予想される．さらにレセプターの日内変動のため[33]，1日のある一定時刻のホルモン投与が，より効果的であることも考えられる．

卵の最終成熟には，タンパク性ホルモンのゴナドトロピンとステロイド，特に17α, 20β-dihydroxy-4-pregnen-3-one は欠くことができないホルモンである．現在までの知見では，成熟分裂直前の脳下垂体からのゴナドトロピンサージにより，卵巣卵をとり囲む沪胞組織*で progesterone が生合成され，さらに 17α-hydroxyprogesterone を経てこのいわゆるターゲットステロイドホルモンが作られることが明らかになった．この問題は特に，成熟アユにSG-G100を0.5 mg/尾投与し，1日後のGVBD途中の卵巣卵と ^{14}C でラベルした progesterone や 17α-hydroxyprogesterone を一緒に培養した場合，20β-hydroxysteroid dehydrogenase の活性が高まり 17α, 20β-dihydroxy-4-pregnen-3-one が生合成されることが明らかになったことによる[34]．またフランスの Fostier *et al.*[35] は，ニジマスの成熟卵巣卵とサケのゴナドトロピンを一緒にし培養した場合，17α, 20β-dihydroxy-4-pregnen-3-one が卵から分泌することを確認している．アマゴ[36]でも，卵の最終成熟にこのステロイドが急増することが最近明らかにされた．筆者（未発表）も，成熟アユにHCGを投与した場合，GVBDの開始とともに血中の 17α-hydroxyprogesterone が増加し，排卵後に減少することを確認している．この 17α-hydroxyprogesterone は，ゴナドトロピンのサージにより容易に 17α, 20β-dihydroxy-4-pregnen-3-one になることがアユで証明されている[34]．

以上の最近の知見から，卵黄形成中の卵巣卵では，卵の囲りの沪胞組織から estrogen が主として分泌されていたのが，卵の最終成熟時には脳下垂体から

---

* Follicular tissue，顆粒膜細胞と莢膜細胞からなる．

の多量のゴナドトロピン分泌により，17α，20β-dihydroxy-4-pregnen-3-one生成のパターンに変わる（図4·2）．このステロイドが卵の原形質膜上のステロイドホルモンレセプターと結合し，続いて卵中で次のステップを誘発させGVBDが生じると思われる（図4·3）．この卵の最終成熟の機序においては，17α，20β-dihydroxy-4-pregnen-3-one がその重要な役割をもっていることが判明したに過ぎず，大要の解明は今後の問題である．

§3.　ホルモンの多回投与と卵質

1回のホルモン投与により親魚が成熟し，産卵が成功した場合，良質な卵が得られ，ふ化仔魚も正常であることが多い．成熟途中あるいは成熟した親魚に対し，ホルモンの多回投与は，種々のマイナスの影響を魚に与えることが考えられる．即ち親魚の取り揚げ，移動，麻酔，注射や異種タンパクの投与などの魚が通常の生棲環境で経験しえないことが多い．これらが親魚にどのような影響をおよぼすかは解明されていない．筆者[37)]はアユに対するHCGの多回投与が成熟促進，受精，ふ化率や卵質への影響について知る実験を行った．この実験で用いたアユの卵巣は，ほぼ卵黄形成を完了した状態であって，十分なホルモン（HCGでは1000IU）の1回の投与で排卵が促された．1回のホルモン投与で成熟・排卵が促進されたアユは，環境水を飲み，その一部

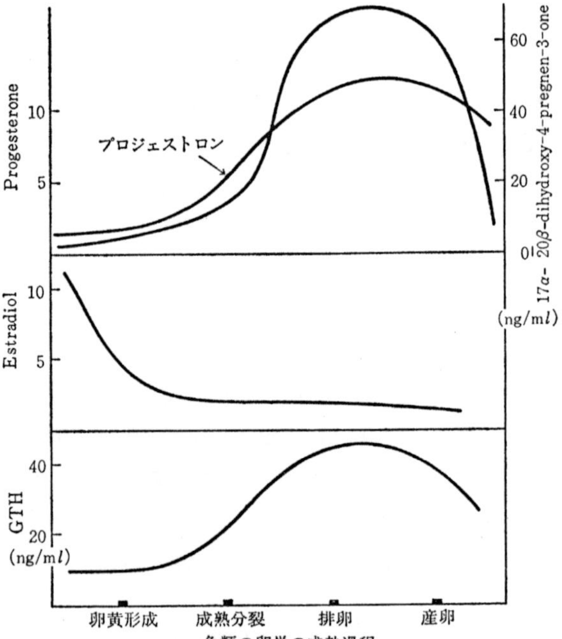

図 4·2　魚類の成熟過程にともなうGTHおよびステロイドの血中値の変化（模式図）

が卵中に入り卵の水分含量が５％ほど増加し，その結果体重が２～３％（投与後排卵までの２～３日の間）増す（図 4·4）．これは，投与したホルモンの効果を示す一つの指標である．アユの排卵に必要な HCG 1000IU の$\frac{1}{10}$，即ち 100IU 投与群や 500IU 投与群及び生理食塩水の投与群（表 4·2）等の各群の体重の変化が図 4·4 に示されている．その結果 1000IU と 750IU 群以外，すべての各群

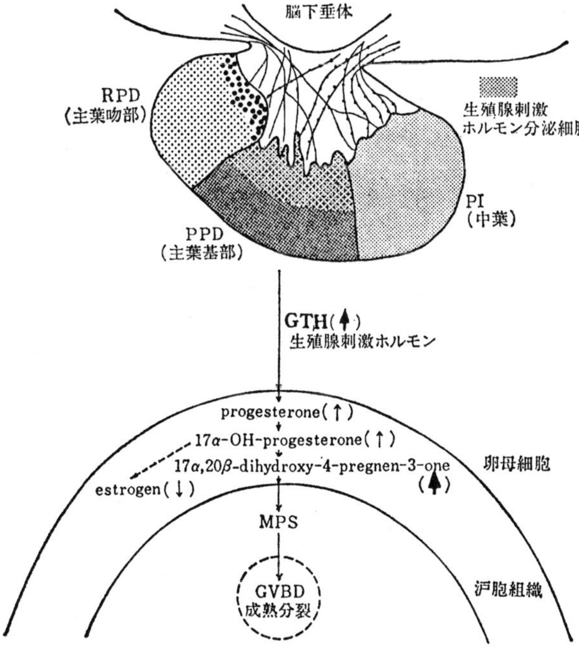

図 4·3　魚類の卵巣卵の最終成熟とホルモン．
最終成熟時には，脳下垂体の主葉基部（proximal pars distalis）の生殖腺刺激ホルモン分泌細胞から生殖腺刺激ホルモン（GTH）が多量に分泌され，卵巣卵の沪胞組織に働く．そこで，今までの卵黄形成に必要な estrogen の生産が低下し，progesterone や 17α-hydroxyprogesterone の過程をへて特に 17α, 20β-dihydoxy-4-pregnen-3-one が多量に生産され，これがターゲットホルモンとして，卵の最終成熟の開始を促し，MPS（maturation promoting substance 成熟促進物質，存在はまだ確かでない）により成熟分裂（GVBD, germinal vesicle breakdown）がおこる．
（↑）内の矢印は，ホルモン分泌の増加とその程度を示す．
（↓）ホルモの減少を示す．

の体重は減少する．しかしながら，排卵が促される最後の段階で体重は増すことがわかる．このようにして，卵黄形成を完了した魚にホルモン処理を行った場合，投与量が十分であると魚体重は1回目の投与直後から増加する．これに対し，投与量が不充分な場合，排卵の直前まで体重は減少し，かつ排卵が仲々促されずホルモンを何回も投与しなければならない．このような多回投与は卵質に何らかの影響を与えることが考えられる．表4·2に見られるように，HCG 100IU 群の受精率は低く，ふ化率はわずか4.7%であった．また 500IU を3回投与した群のふ化率は45.9%と 1000IU や 750IU 群の1/2に減少していること

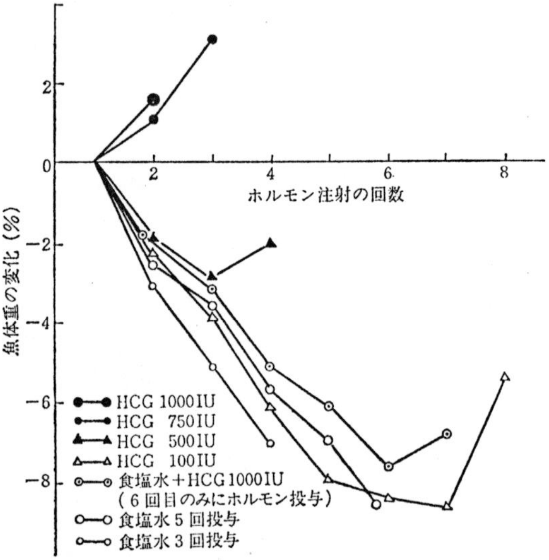

図 4·4　アユに対する HCG の多回投与と体重変化
注射は3日に1回の割で行い，その時に体重を測定した．例えば，HCG 500IU は3回ホルモンを投与し，4回目の注射をする日に魚を取り揚げている（HIROSE[37] による）．

表 4·2　ホルモン（HCG）の多回投与のアユの卵 stage，受精率やふ化率への影響（HIROSE[37] による）

実験群	使用尾数	注射回数 食塩水	注射回数 HCG	GSI*1	卵の stage*2	受精率（%）	ふ化率（%）
食塩水	4	3	0	20.7			
食塩水	6	5	0	23.7			
食塩水＋HCG 1000IU	3	5	1	32.3	2.3	65.5	43.3
HCG 1000IU	9	0	1	31.8	1.2	92.4	78.8
HCG 750IU	7	0	2	28.7	1.9	92.2	80.6
HCG 500IU	7	0	3	28.8	2.9	51.9	45.9
HCG 100IU*3	8	0	7	33.3	2.9	31.1	4.7

*1　生殖腺重量×100/体重（gonadosomatic index, GSI）

*2　排卵後の卵 stage を I～IV の4段階に分け，取り揚げ時の各個体の卵の中で最も進んだ stage をその個体の stage として，各群の平均値を示した．

*3　HCG 100IU を6回投与後，7回目に 1000IU を投与し排卵を促した．

からも，多回投与の卵質への影響が考えられる．HCG は異種タンパクであり，その影響がより顕著にでると思われるが，食塩水を5回投与し6回目の HCG で排卵したアユの受精やふ化率が低いことは何を意味するのだろうか．魚の運搬，麻酔，handling や注射自体が親魚にストレスとして作用しているのかも知れない．ストレスを受けたか否かの指標として良く用いられる血中の総コルチコイド量を RIA 法で測定してみると，多回投与の HCG 100 IU 群の値は 48. 6μg/100 m*l* を示し，1000IU 投与群の2倍以上に達している（図 4·5）．さらに 500 IU 群もやや増加の傾向を示していることから，アユ親魚が異種タンパクである HCG の多回投与によりストレスを受けていたと思われる．このことは，同種の魚のホルモンを成熟促進に用いることが，最良の方法であることも示唆している．

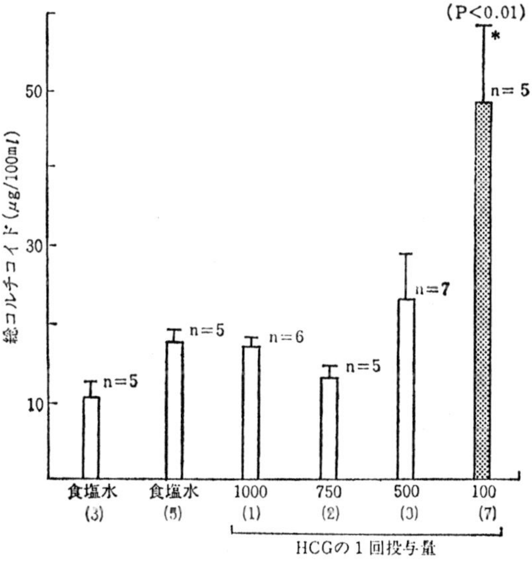

図 4·5 成熟アユへの HCG の多回投与と血中コルチコイド (corticoids) 値の関係 (Hirose[37] による).
( ) は注射の回数を示す.
* P<0.01 は，HCG 1000IU 群と比較し有意.

サケやマスの0～1年魚を用い handling や麻酔とストレスとの関係を明らかにする試みが多く行われているが，それらの結果に一様性は見られない．例えば Barton *et al.*[38] は，簡単な魚の移動によっても10～15分後に血中のコルチゾールが異常に上昇し，回復するのに2時間を要することを報告している．一方，Strangl and Schreck[39] は，単純な運動や麻酔では，マスノスケの血中コルチコイド値は上がらないと述べている．魚の取り揚げ，移動，麻酔や注射が親魚に対しどのような影響をおよぼしているかは定かでないが，このような操作を何回となく行うことは，卵成熟に負の要因であろう．

卵黄形成初期の段階からのホルモン投与による成熟促進は，卵黄形成をほぼ完了した場合とは様々な点で違いがある．この代表的な例はウナギである．現在，ハクレンやサケの脳下垂体を週に1度，8～16回投与し成熟・産卵させているが，まだ受精が成功し，ふ化仔魚が得られる例が少ない．ウナギのホルモン投与期間中の体重変化は様々であるが，処理期間中ほぼ体重の変化がなく，排卵直前にいたって7～15%位の増重が見られる場合が[40]，排卵や受精も順調に行われる．ホルモン投与当初あるいは途中から体重の増加が始まり，その割合が30～40%以上に達する個体の多くの卵巣卵は完熟までに変性し，排卵が起こらないと思われる．このことは，魚の水飲による体重増加が排卵直前のGVBD時だけに起こる生理現象であり，卵黄形成中には起こらない現象であるという筆者の結果（図4·6）からも推察できる[41]．さらに閉鎖卵をもったマハゼにSG-G100を0.5 mg/尾投与した場合[42]，正常な成熟卵をもった個体よりも多量の水を飲み，体重が異常に増加することからも，完熟よりかなり前からのウナギの増重傾向は，卵巣卵の発達異常と関連があると思われる．

卵黄形成初期からのホルモンの多回投与は，親魚を様々な生理的変調に導く可能性があることから，これらを軽減する手立てが考慮されるべきである．例えば投与ホルモンの効果を長びかせるためのエマルジョン化したホルモンの使用，持続効果のあるLH-RH* の使用，ホルモンの生体内での代謝を遅延しレセプターとの結合力を高めるため飼育温度を下げることや魚の取り扱い方のより簡素化などが考慮すべき点であろう．またできればホルモン投与中，親魚から卵巣卵を外に取り出し，外部形態の観察以外にエポン包理した1 μm 切片を作成し莢膜，顆粒膜細胞，卵膜や卵の表層の観察により卵が正常に発達しているかどうかを見る必要がある．

§4. 産　卵

排卵に続きある一定時間後に見られる産卵は，雌雄が相手を確認することから始まるとされている．そのため，雌雄により形態や色彩が違うのであろうと考えられている．しかしながら，すべての魚種にこのような違いはないようで

* 従来のLH-RHよりも，生物活性が高い，あるいは分解しがたい合成のLH-RH (Leutinizing hormone-releasing hormone).

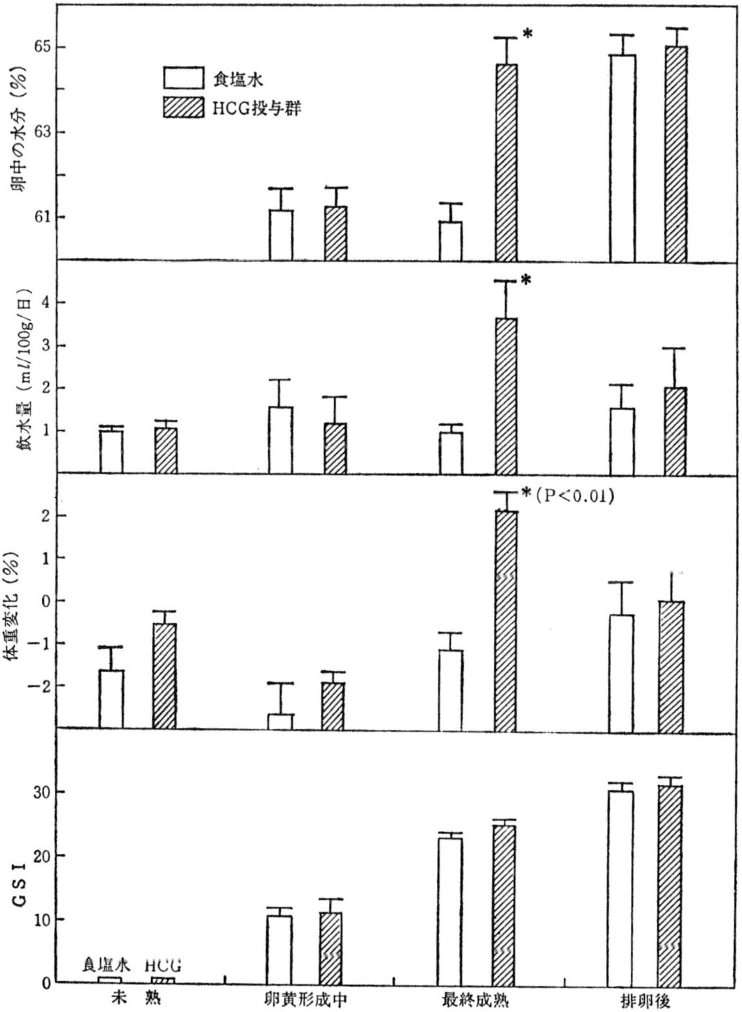

図 4·6 アユの卵成熟状態と体重変化，飲水量および卵中の水分含量との関係

アユに HCG 1000IU（午前 9 時30分）を投与し，その日の午後13時30分に手術を施し直腸を結び，1 時間後にフェノールレッド 0.001% 液中に収容した．翌日の午後 2 時30分に取り揚げた．

* P<0.01 は，右側の食塩水群と比較し有意．

ある．近年，STACEY や本田らは，体外受精を行うキンギョ[43~45]，アユ[46]，ニジマス[47]やドジョウ[48]の卵巣腔液中のフェロモン（pheromone）に雄が刺激され産卵行動が始まることを指摘している．それらの結果によれば，GVBD および排卵時のゴナドトロピンサージにより卵巣卵は排卵し，その時卵巣や卵巣腔液中にフェロモンが生じる．後に，それが体外に出て雄の嗅索内側に働き，キンギョの雄は追尾や“つつき”の産卵行動を示す．同時に，排卵した魚の輸卵管や排卵しなかった部分の卵巣からプロスタグランディン（prostaglandin, PG）が分泌され，それが雌の脳の中枢に働き産卵行動を導き産卵すると考えられている．キンギョの産卵には，PG $F_{2\alpha}$[43] が最も効果的であり，適正投与量は 10 ng/g 体重である．しかしこの PG が脳のどの部位に作用するかはまだ十分に解明されていない[49]．また，フェロモンはエーテル可溶性でかつ水溶性の塩基物であるが，どのような物質であるかは不明である．しかしながら，この方面の研究は，成熟・産卵の未解決の実際的な問題を明らかにするために必要であり，今後さらに研究が進展すると考えられる．

参　考　文　献

1) G. A. HUNTER, E. M. DONALDSON and H M. DYE : Induced ovulation in coho salmon (*Oncorhynchus kisutch*). I. Further studies on the use of salmon pituitary preparations. *Aquaculture*, **26**, 117～127 (1981).

2) E. M. DONALDSON, G. A. HUNTER and H. M. DYE : Induced ovulation in coho salmon (*Oncorhynchus kisutch*). II. Preliminary study of the use of LH-RH and two high potency LH-RH analogues. *Aquaculture*, **26**, 129～141 (1981).

3) C-M. KUO, C. E. NASH and Z. H. SHEHADEH : A procedural guide to induce spawning in grey mullet (*Mugil cephalus* L.). *Aquaculture*, **3**, 1～4 (1974).

4) I. C. LIAO : Experiments on induced breeding of the grey mullet in Taiwan from 1963 to 1973. *Aquaculture*, **6**, 31～58 (1975).

5) 台湾省水産試験所東港分所：研究報告叢書第三．(1977).

6) I. C. LIAO, J. V. JUARIO, S. KUMAGAI, H. NAKAJIMA, M. NATIVIDAA and P. BURI : On the induced spawning and larval rearing of milkfish, *Chanos chanos* (FORSKAL). *Aquaculture*, **18**, 75～93 (1979).

7) C-M. KUO, C. E. NASH and W. O. WATANABE : Induced breeding experiments with milkfish, *Chanos chanos* FORSKAL, in Hawaii. *Aquaculture*, **18**, 95～105 (1979).

8) V. R. P. SINHA, V. G. JHINGRAN and S. V. GANAPATI : A review on spawning of the Indian carps. *Arch. Hydrobiol.*, **73**, 518～536 (1974).

9) H. CHAUDHURI : Use of hormones in

induced spawning of carps. *Jour. Fish. Res. Board Canada*, **33**, 940～947 (1976).

10) B. M. Bhowmick, G. V. Kowtal, R. K. Jana and S. D. Gupta : Experiments on second spawning of major indian carps in the same seasons by hypophysation. *Aquaculture*, **12**, 149～155 (1977).

11) H. Gordin and Y. Zohar : Induced spawning of *Sparus aurata* (L.) by means of hormonal treatments. *Ann. Biol. anim. Bioch. Biophys.*, **18**, 985～990 (1978).

12) 山本喜一郎・森岡孝朗・広井　修・大森正明：サケ・マス類下垂体投与による雌ウナギの催熟. 日水試, **40**, 1～7 (1974).

13) 山本喜一郎・山内晧平・春日清一：ウナギの初期発生について. 日水誌. **41**, 21～28 (1975).

14) 岡　英夫：ニホンウナギ *Anguilla japonica* の催熟に関する研究-Ⅲ. 催熟過程における雌ウナギの体重変化と卵形成との関係. 静岡水試研報. **13**, 101～111 (1979).

15) 千葉県内水面試験場：昭和54年度種苗生産研究報告 (ウナギ). 1～18 (1980).

16) 日本栽培漁業協会・古満事業場：昭和54, 55年によるブリの採卵成績について. 栽培研究. **10**, 75～84 (1981).

17) 楳田　晋・水内俊朗・落合　明・長谷川泉：催熟したブリ親魚の水槽内採卵について, 栽培研究, **10**, 127～133 (1981).

18) F. J. Lacanilao, C. L. Marte and T. J. Lam : Problems associated with hormonal induction of gonad development in milkfish (*Chanos chanos*). Proc. of 9th Int. Symp. on Comp. Endocrinol. (in Press).

19) B. Breton, G. Kann, E. Burzawa-Gerard and R. Billard : Dosage radioimmunologique d'une hormone gonadotrope de carpe. *C. R. Acad. Sci.* Ser. D. **272**, 1515～1517 (1971).

20) L. W. Crim, R. K. Meyer and E. M. Donaldson : Radioimmunoassay estimates of plasma gonadotropin levels in the spawning pink salmon. *Gen. Comp. Endocrinol.*, **21**, 69～76 (1973).

21) L. W. Crim, E. G. Watta and D. M. Evans : The plasma gonadotropin profile during sexual maturation in a variety of samonid fishes. *Gen. Comp. Endocrinol.*, **27**, 62～70 (1975).

22) K. Hirose and K. Wakabayashi : A radioimmunoassay for blood and pituitary extract gonadotropin in salmonid fishes. *Bull. Jap. Soc. Sci. Fish.*, **44**, 319～323 (1978).

23) K. Hirose : A bioassay for teleost gonadotropin using the germinal vesicle breakdown (GVBD) of *Oryzias latipes* oocytes *in vitro*. *Gen. Comp. Endocrinol.*, **41**, 108～114 (1980).

24) K. Asahina, H. Nishina, I. Hanyu and K. Aida : A new bittering ovipositor test : Responses to steroids. *Bull. Jap. Soc. Sci. Fish.*, **47**, 291 (1981).

25) D. Mukkerjee and S. Bhattacharya : A sensitive and easy bioassay for teleost gonadotropin depending on the ovarian-free cholesterol depletion *in vitro*. *Gen. Comp. Endocrinol.*, **45**, 249～255 (1981).

26) N. E. Stacey, A. F. Cook and R. E. Peter : Ovulatory surge of gonadotropin in the goldfish, *Carassius auratus*. *Gen. Comp. Endocrinol.*, **37**, 246～249 (1979).

27) B. Jalabert and B. Breton : Evolution de la gonadotropin plasmatique t-GtH après l'ovulation chez la truite arc-en-ciel (*Salmo gairdneri* R.) et influence de la rètention des ovules. *C. R. Acad. Sci.* Ser. D. **290**, 799～801 (1980).

28) L. W. Crim and D. M. Evans : Seasonal levels of pituitary and plasma gonadotropin in male and female atlantic parr. *Canad. Jour. Zool.*, **56**, 1550～

1555 (1978).

29) R. BILLARD and B. BRETON : Rhythms of reproduction in teleost fish. in "Rhythmic activity of fishes" (J. E. THORPE, ed.). Academic Press, New York/London, 1978. pp. 31～53.

30) L. W. CRIM and D. M. EVANS : Gonadotropin hormone treatment of rainbow trout (*Salmo gairdneri*) : plasma hormone profile following a single injection. *Jour. Fish. Res. Board Canada*, **33**, 2841～2844 (1976).

31) A, F. COOK and R. E. PETER : The effect of temperature on the clearance of intraperitoneally-injected gonadotropin in the goldfish *Carassius auratus*. *Aquaculture*, **19**, 275～285 (1980).

32) R. E. PETER : Gonadotropin secretion during reproductive cycles in teleost : influence of environmental factors. *Gen. Comp. Endocrinol.*, **45**, 294～305 (1981).

33) C. M. KUO and W. O. WATANABE : Circadian responses of teleostean oocytes to gonadotropins and prostaglandins determined by cyclic AMP concentration. *Ann. Biol. anim. Biochm. Biophys.*, **18**, 949～956 (1978).

34) K. SUZUKI, B. TAMAOKI and K. HIROSE : *In vitro* metabolism of 4-pregnenes in ovaries of a freshwater teleost, the ayu (*Plecoglossus altivelis*) ; Production of 17α, 20β-dihydroxy-4-pregnen-3-one and its 5β-reduced metabolites, and activation of 3β-and 20β-hydroxysteroid dehydrogenases by treatment with a fish gonadotropin. *Gen. Comp. Endocrinol.*, **45**, 473～481 (1981).

35) A. FOSTIER, B. JALABERT, C. CAMPBELL, M. TERQUI and B. BRETON : Cinétique de libération *in vitro* de 17α hydroxy-20β dihydroprogesterone par des follicules de truite arc-en-ciel, *Salmo gairdnerii*. *C. R. Acad. Sci.* Ser. Ⅲ, **292**, 777～780 (1981).

36) 香川浩彦・G. YOUNG・長浜嘉孝：アマゴの性成熟に伴うステロイドホルモンの産生パターンの変化. 昭和57年度日本水産学会春季大会講演要旨. pp. 31 (1982).

37) K. HIROSE : Effects of repeated injection of human chorionic gonadotropin (HCG) on ovulation and egg qualities in the ayu. *Bull. Jap. Soc. Sci. Fish.*, **46**, 813～818 (1980).

38) B. A. BARTON, R. E. PETER and C. R. PAULENCU : Plasma cortisol levels of fingerling rainbow trout (*Salmo gairdneri*) at rest, and subjected to handling, confinement, transport, and stocking. *Can. Jour. Fish. Aquat. Sci.*, **37**, 805～811 (1980).

39) R. J. STRANGE and C. B. SCHRECK : Anesthetic and handling stress on survival and cortisol concentration in yearling chinook salmon (*Oncorhynchus tshawytcha*). *Jour. Fish. Res. Board Canada.*, **35**, 345～349 (1978).

40) 杉本良郎・武内良雄・山内晧平・高橋裕哉：サケ脳下垂体投与によるウナギ（*Anguilla japonica*）雌の成熟誘導と成熟卵の油球状態について. 北大水産学部研究彙報, **27**, 107～120 (1976).

41) K. HIROSE : Effects of gonadotropin on drinking of water in ayu, with special respect to ovarian maturation and ovulation. Proc. of 9 th Int. Symp. on Comp. Endocrinol. (in Press).

42) 広瀬慶二：海産魚の成熟末期の２，３の現象について. 海洋科学 symp. **107**, 734～739 (1978).

43) N. E. STACEY : Role of prostaglandins in fish reproduction. *Jour. Fish. Aquat. Sci.*, **39**, 92～98 (1981).

44) N. E. STACEY : Olfactory and sexual behavior in goldfish. Abstract of ORI Symp. on Fish migration and reproduction. pp. 26 (1981).

45) N. E. STACEY : Hormonal regulation

of female reproductive behavior in fish. ***Amer. Zool.***, **21**, 305～316 (1981).

46) 本田晴郎：アユの雌性フェロモンと求愛行動. 日水誌, **45**, 1375～1380 (1979).

47) 本田晴郎：ニジマスの雌性フェロモンと求愛行動. 日水誌, **46**, 1109～1112 (1980).

48) 本田晴郎：ドジョウの雌性フェロモンと求愛行動. 日水誌, **46**, 1223～1226 (1981).

49) L. S. DEMSKI and P. J. HORNBY: Hormonal control of fish reproductive behavior: Brain-gonadal steroid interactions. *Can. Jour. Aquat. Sci.*, **39**, 36～47 (1982).

III. 外部環境要因による成熟・産卵の制御

5. 貝　　類

浮　永久*・菊地省吾*

海産無脊椎動物の成熟に関与する主な外部環境要因としては，温度，光周期，餌料条件，塩分などがあげられている[1]．

貝類**を人為的な環境下において産卵期外に温度条件を変化させ生殖巣の発達を促進させた例は，二枚貝類のカキ類に始まり[2~5]，ハマグリと近縁の *Venus mercenaria*[6] やイタヤガイの一種の *Aequipecten irradians*[7~9]，イガイの一種の *Perna perna*[10]，腹足類ではアメフラシの一種の *Aplysia punctata*[11] などにみることができる．光周期（日長）と成熟との関係の解析は腹足類の *Helix aspersa*[12]（陸生のマイマイの類）やイシダタミ *Monodonta labio*[13] で試みられている．その他の外部環境要因の成熟への関与については未だ実験的な証明はないように思われる．

シオフキ *Mactra veneriformis*，バカガイ *M. chinensis*，卵生型のカキ類 *Crassostrea* などのように生殖巣から摘出した卵と精子により受精卵を得られる貝類[14]や，シロチョウガイ *Pinctada maxima*，マベ *Pteria penguin* などのようにアンモニア海水処理で摘出卵の成熟が進む貝類[15]を除くと，多くの貝類では摘出卵による人工受精は困難なので，これらの種類では人為刺激を加えて配偶子の放出を行わせる．貝類の産卵を誘起する方法は温度変化[16]，干出[17]，電気刺激[18]，KCl, NH_4OH, $BaCl_2$ などの化学物質の注射や海水への添加[19~21]，精子や卵の懸濁海水への浸漬[22]，あるいはこれらの併用により行われてきた．

ここではエゾアワビ *Haliotis discus hannai* Ino で，成熟と温度との数量的関係[23]を基にした温度条件の管理による成熟の制御と，紫外線照射海水法[24]による産卵の制御の両技術から組み立てられた周年採卵技術を中心に述べる．

---

* 東北区水産研究所

** 腹足類と二枚貝類

アワビ類 *Haliotis* はわが国に10種類を産する[25]が，漁業上重要な種類は北海道・三陸の沿岸に生息するエゾアワビと，茨城県以南の太平洋岸および日本海岸に生息するクロアワビ *H. discus*, マダカアワビ *H. gigantea*, メガイアワビ *H. sieboldii* があげられる．これらは現在では漁業生産の増大を目標に産業的規模で人工種苗の生産と放流が進められている．

人工種苗の生産では「採卵」は一連の工程の中心を占める重要な部分である．従来，採卵用の母貝は天然から採取したものに依存しており，このため産卵期が限定され，また成熟度の個体差などもあり採卵結果は安定せず，従って採卵以後の幼生管理や育成技術などの工程化も困難であった．成熟と産卵の制御による周年採卵技術の開発は，種苗生産の計画と工程化を可能にし，特に春季採卵の利点として施設の効率的運用や寒冷地では夏季の高水温利用による成長の促進が期待されていた．

§1.　エゾアワビの生殖巣の発達と温度との関係

Boolootian *et al.*[26] は貝類の産卵期を，周年にわたって産卵する year-around breeders, 秋から春に産卵する winter breeders, 春から秋に産卵する summer breeders の3つに類型化し，調べた貝類の85%を，アワビ類では8種のうち7種を summer breeders に入れている．わが国のアワビ類の産卵期はエゾアワビは8～10月，クロアワビなどの暖海生息種は10～12月の範囲にあり[27]，summer breeders に入るものと思われるが，子細にみると同一種でも地方によって多少の遅速があり，エゾアワビでは北方ほどやや早まる傾向にある．

生殖巣の発達が外部環境要因と一定の対応関係があれば，逆に環境要因の操作で成熟の制御が可能になろう．そこでエゾアワビについて，まず温度条件と生殖巣の発達の関係を調べてみた．生殖巣が回復期にある[28,29]最低水温期の1月中旬に材料を採取し，8～23°C の範囲の 3°C 毎6段階の定水温下で飼育して生殖巣の発達を観察した．餌料にはアワビ類にとって餌料価値の高いコンブ目海藻[30]のワカメ *Undaria pinnatifida*, コンブ類 *Laminaria* などを与えた．水槽は暗幕で外光を遮断し，40W白色電球を設置して12時間明期―12時間暗期(12 L-12 D) の光周期条件とした．飼育装置[31]は水質の悪化を防ぐため排泄物のすみやかな流出に配慮してある．エゾアワビは水槽底面に設置したシェルター内に潜み，夜間シェルター内外で活発に摂餌する．

アワビ類は雌雄異体で性比はほぼ1：1である[32]．生殖巣は右貝殻筋の右方に沿う牛角状の肝臓をとり巻くように形成され，未発達のときは肝臓の色（黒褐

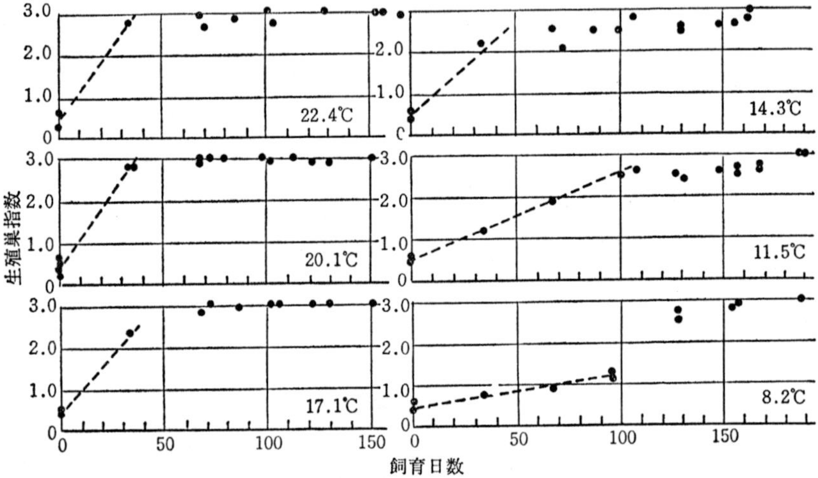

図 5・1　異なる飼育水温条件下におけるエゾアワビの生殖巣指数の変化
（8.2°C区の95日以降は温度を 17.5°C に変更）．

色）が見えるが，次第に卵巣は緑色，精巣は淡黄色に肥大してくる．そこで，経時的に生殖巣の量的な発達を観察するため，発達の程度を肉眼により0～3の4段階に分け生殖巣指数（gonad index，以下 GI と略す）とした．すなわち肝臓の色の状態を0，十分に発達を遂げ貝殻の周辺を結ぶ面を越えて膨らんでいる状態を3とし，これらの中間に1と2の階級を設けた．

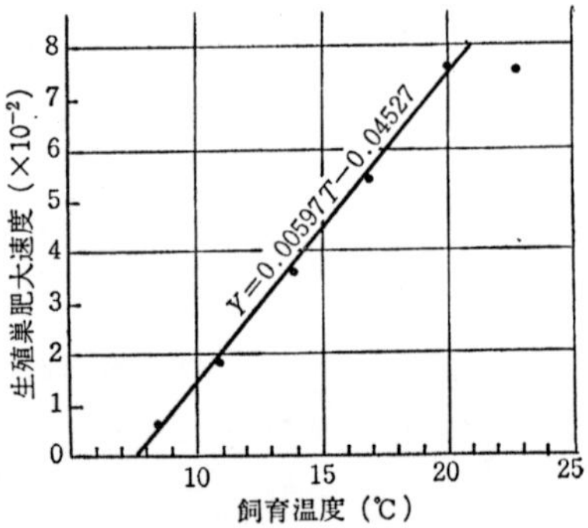

図 5・2　エゾアワビの生殖巣肥大速度
と温度との関係

飼育開始後の GI の増加(図 5・1)は，高温度条件下ほど急速に上昇し，GI が 2.5 付近に達するまでは飼育期間に比例して増大した．そこでGIの上昇傾向を直線的なものとみて，生殖巣の肥大速度(1 日当りの GI の増加量)を求め，飼

育温度との関係を求めると（図 5·2），20°C 以下では次の一次式で表わされた．

$$Y=0.00597\,T-0.04527$$

ただし，Y：生殖巣肥大速度，T：飼育温度（°C）．

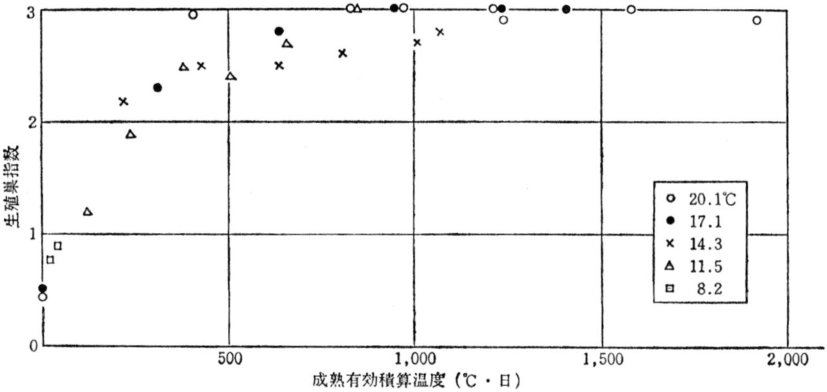

図 5·3　エゾアワビの成熟有効積算温度と生殖巣指数

このことは，この関係式で表わされる直線と X 軸との交点（7.6°C）が生殖巣の発達に関与する温度の下限であり，GI は飼育温度と下限温度（成熟に関する生物学的零度）との差の積算値に比例することを意味している．そこで次式の Yn の値を n 日までの成熟有効積算温度（°C・日）とする．

$$Yn=\sum_{i=1}^{n}(t_i-\theta)$$

ただし，t_i：初日から n 日までの日々の水温値（$t_i<\theta$ の場合は加算しない），

θ：成熟に関与する下限温度（定数）．

観測した GI（実験個体群の平均値）と，そのときの成熟有効積算温度（以下，単に積算温度と略す）の関係（図 5·3）は，GI が 2.5 に達する間はほぼ直線的に増大し，その後 3 の値に漸近する傾向が飼育水温に関わりなく一様に認められる．

§2.　成熟有効積算温度と生殖巣の成熟

GI は成熟の進行過程を示す量的表示であるが，成熟の質的な充実に対応しているかどうかは別であり，人為的に成熟過程を管理し計画的な採卵を可能にするには，卵・精子の形成と放出に要する外的条件を明確にする必要がある．

そこでアワビ類が人為刺激に反応して配偶子を放出する性質を利用して一定の方法で産卵誘発を試み，産卵開始の時期を産卵誘発率で，放出された配偶子の成熟の度合を受精率で判断することにした．

アワビ類の産卵誘発の刺激としては温度変化[33]や干出[17]などが用いられてきたが効果は必ずしも十分でない．筆者らは紫外線を照射した海水がアワビ類の配偶子放出を誘起する効果をもつことを見出した[24]ので，本方法を紫外線照射海水法（以下UV海水法と略す）とよぶことにし，従来の方法と組み合せて誘発刺激として採用した．その方法は貝を飼育水槽から取り揚げ60分間干出後，流水殺菌器（殺菌灯スペクトルの主成分2537Å）を経由させた海水を通水する産卵水槽に個別に収容し，水温を飼育水温から30分間に3°C上昇させ2時間経過後，次第に元の水温にもどすというものである．本方法で24時間以内に配偶子を放出した個体の割合を産卵誘発率とした．

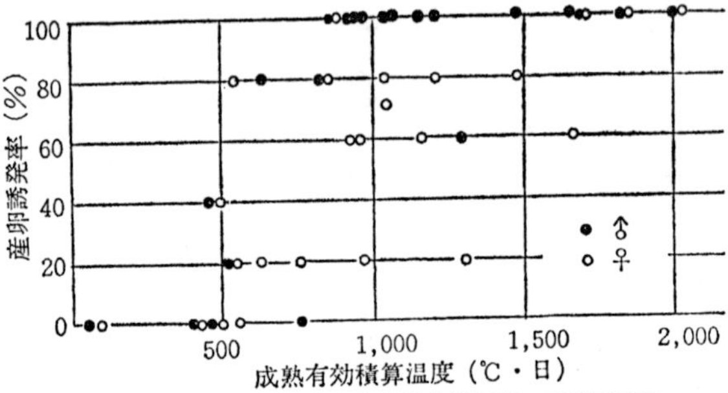

図 5·4　エゾアワビの感熟有効積算温度と産卵誘発率

積算温度と産卵誘発率の関係を図5·4に示す．雌雄とも500°C・日を越える付近から配偶子を放出する個体が現われ始め，1000°C・日付近で雄の誘発率はほぼ100%に達し，雌はやや遅れて1500°C・日以上で100%に達している．

受精率はほとんどの個体が90%以上の値を示し，積算温度に関係なく放出さ

表 5·1　エゾアワビの成熟有効積算温度と産卵誘発率，放精持続時間および産卵量

積算温度	供試個体数		産卵誘発率		放精時間*	産 卵 量*
	雄	雌	雄	雌		
°C·日			%	%	分	万粒/個
− 500	38	40	21.0	2.5	11	14.5
500 −1000	45	44	71.1	43.2	158	94.2
1000 −1500	45	46	84.4	58.7	228	113.5
1500 −2000	29	32	86.2	68.8	302	122.2
2000 −	10	10	100.0	90.0	300	210.0

*：放出個体の平均

れた配偶子はすでに十分な受(授)精能力を持っていると考えられる．産卵量は500～1500°C·日の間では，積算温度に対応して増加しその後一定となる傾向であった．放精量に対応する値として記録した放精持続時間は1200°C·日付近でほぼ上限に達している．

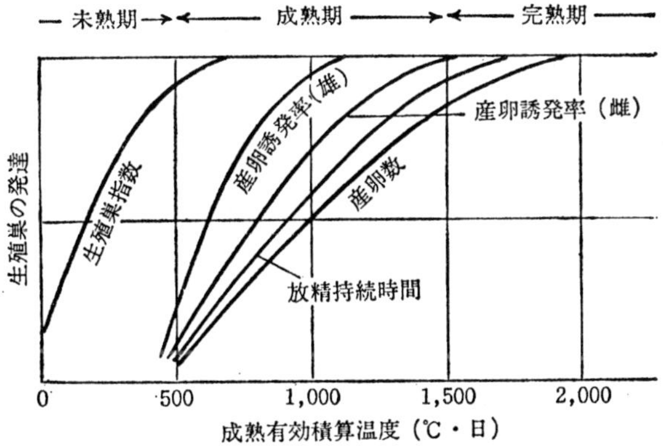

図 5·5　エゾアワビの生殖巣の発達段階と成熟有効積算温度

以上の結果（表 5·1）をもとに，エゾアワビの成熟過程を採卵技術上の観点から積算温度を基準にして段階的に捉えるならばおおよそ次のようにまとめることができよう．

未熟期：積算温度 0～500°C・日の期間で，外見的な生殖巣の肥大が進行し，GI は 0 からほぼ 3 の値に増大する．しかし産卵誘発刺激を与えても配偶子の放出はみられない．

成熟期：積算温度 500～1500°C·日の期間で GI はほとんど 3 に達し，産卵誘発刺激に対して，配偶子を放出する個体が現われ始め，誘発率，放精量が次第に増加する．1000°C·日を越える後半は雄はほとんどの個体が放精し，雌もかなり高い率で産卵し，配偶子の放出量も多く実用的にも採卵可能な状態に達する．

完熟期：積算温度 1500°C·日以上の時期で，生殖巣は量的に最大限の発達をみせ，産卵誘発刺激に高率で反応し確実に採卵が可能になる．

以上の成熟段階を模式的に示すと図 5·5 のようになる．

§3.　餌料条件と成熟との関係

エゾアワビの餌料摂取量は生殖巣の発達に伴い次第に増加し，一定の摂餌率の期間が続いた後，量的な発達を終えた完熟期以降は低下する経過をたどる．飼育開始から 100 日（8. 2°C区は 95 日）間の平均日間摂餌率は飼育水温 22. 4，20. 1，17. 1，14. 3，11. 5，8. 2°C 下で，それぞれ 6. 3，8. 3，7. 1，6. 5，4. 7，3. 2% であった．本実験では56日までワカメを，それ以降はホソメコンブ *L. religiosa* を与えたが，エゾアワビは天然の餌料条件に恵まれた漁場と同等の成長速度を示し，また受精卵は正常な発生を行うので，餌料の栄養価や単食の弊害はないように思われる．しかし餌料の摂取量は生殖巣の発達に影響を与えることが予想される．そこで水温 17°C，12L-12D の光条件下で，飽食させた実験区と，

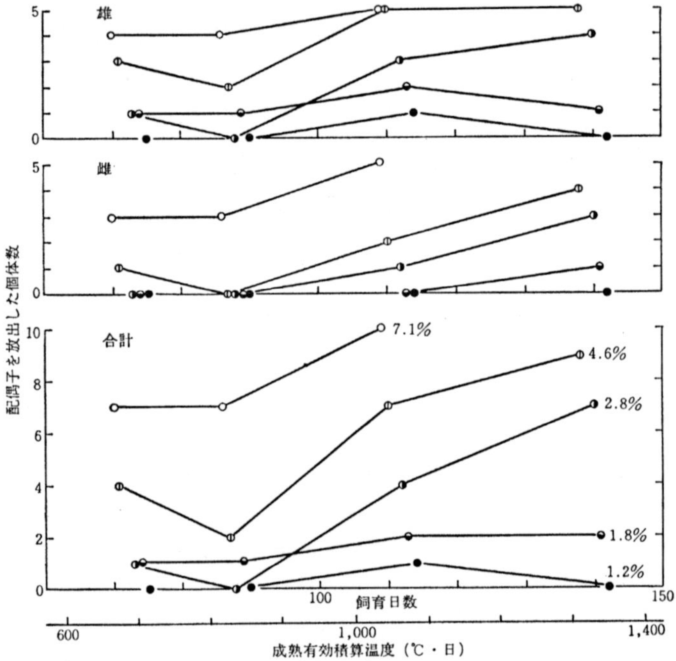

図 5·6　エゾアワビの日間摂餌率と産卵誘発率．図中の数字は飼育条件としての日間摂餌率．1回の供試個体数：10，飼育水温：17. 1°C.

前区の摂餌量に対し65，40，26，17％の量をそれぞれ摂取するよう設計した実験区を設け，84日までワカメを，それ以降ホソメコンブを投与し，154 日間飼育した．実験期間の平均日間摂餌率は飽食区7. 1％に対し以下，4. 6，2. 8，1. 8，1. 2％で154日後の GI 値は飽食区：2. 9，1. 2％ 摂餌区：1. 2 の 範囲で摂餌率に対応した値を示したが，随時計測した産卵誘発率もまた摂餌率に対応する結果（図 5·6）となり，餌料の摂取量は生殖巣の量的な発達ばかりでなく，産卵誘発刺激に応えて配偶子を放出する「生みやすさ」の程度にも影響を及ぼし，しかも雄より雌が影響を受ける度合が大きい．この結果から，同一の積算温度を基準として適用するためには，少なくとも日間摂餌率で 5 ％程度（体重 100 g

前後，飼育水温17〜20°C）の餌料摂取を保障する必要があると考えられる[34]．

§4.　温度管理による成熟の制御

餌料条件に配慮した後では，エゾアワビの成熟は飼育水温に関わりなく十分に再現性をもって積算温度に対応して進行する．

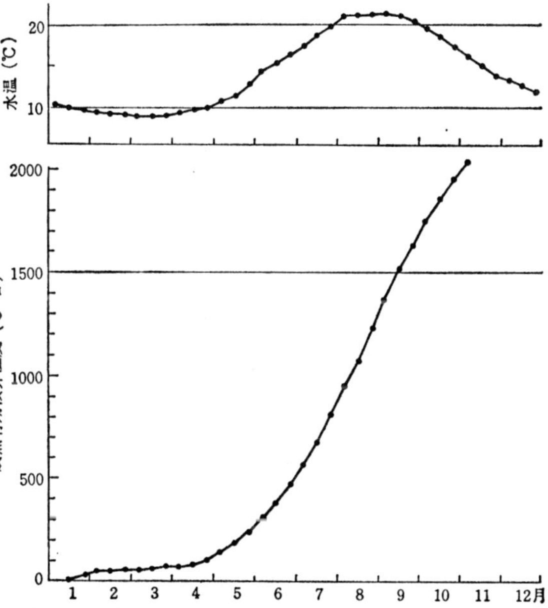

図 5·7　宮城県女川町江の島地先の旬平均水温（10年間の平均値[35]）から算出したエゾアワビの成熟有効積算温度の経過．

材料を採取した宮城県女川町江の島地先の旬平均水温[35]をもとに，飼育を開始した1月中旬を起点に成熟有効積算温度を算出すると図 5·7のような経過となる．女川町付近のエゾアワビの産卵期にあたる8月下旬〜10月中旬[25]の積算温度は約1200〜1800°C·日で，産卵盛期の9月上旬〜10月上旬のそれは約 1300〜1700°C·日である．さきの実験条件下における産卵盛期は，産卵誘発刺激に安定した反応を示す 1500°C·日以降の完熟期がこれに相当しよう．天然の産卵盛期と人工的な産卵盛期の積算温度はよく一致することから，エゾアワビでは他の外部環境要因の成熟への関与は否定できないが，温度が支配的な要因であり，他の因子の関与の程度は大きくないものと考えられる．また，このことは任意の時期から成熟の促進を図る場合には，すでに天然の温度履歴により材料が保有している積算温度を加えれば，同一の積算温度の基準で成熟過程の管理が可能なことを示している．

積算温度が 2000°C·日を超えると，飼育水槽内においても水温変化などの軽微な刺激で産卵するようになるので，実用的な産卵期は1000～2000°C·日の間である．この期間は水温20°Cでは80日間に相当し，水温を低めればさらに長期にわたって採卵可能期間が持続する．このように飼育開始の時期と温度管理によりほぼ周年にわたる成熟の制御ができることになった．

成熟と温度との関係を他の貝類についてみると，クロアワビの成熟も積算温度に対応して進行する[36]．カキ類の成熟も積算温度に対応して進行し，次式で求められる成熟に要する積算温度D（°C·日）の値は，バージニアカキ *C. virginica* で $t_0=12.0$ として450°C·日[4]が，マガキ *C. gigas* では $t_0=10.55$ °Cとして592°C·日[5]が報告されている．

$$D=d(t-t_0),$$

ただし，d=所要日数，t=飼育水温，t_0=成熟に関する生物学的零度．

A. irradians では高温下ほど産卵までの所要日数が短縮する[8]．これらの例から種によって成熟の進行する基点の温度や，有効積算温度は異なっても，一般に summer breeders の成熟過程には積算温度の法則が適用するように考えられる．

しかし，クロアワビの場合，同一の成熟レベルに達する積算温度はエゾアワビの2～3倍を要する[36]．また，北米大西洋岸の *C. virginica* の例では産卵誘発率が50%に達する所要日数は，同一の温度条件（20°C）下でロングアイランド産の7.9日に対し，南方に位置し温暖なデラウェア湾産は56日と6～7倍である[4]という．以上の例は種内あるいは種と亜種間では，相対的に寒冷地方より温暖な地方の群ほど成熟に要する積算温度値が大きいという一般的傾向を示しているように思われる．

§5. 配偶子放出時刻の制御

§1.の実験では，暗期開始時刻を20：00とする12L-12Dの光条件を与えて飼育したが，このような条件下で育成されたエゾアワビに明期内の12：00前後から産卵誘発を行うと，配偶子の放出時刻は図5·8のような分布を示す[37]．放精開始時刻の分布は13：00～14：00，20：00～21：00および24：00～01：00に明瞭なピークがあり，放卵開始はやや遅れる傾向がある．第1のピークはUV海水に起因する誘発効果に強く反応して放出行動に移行した結果と考えられる．ところで，アワビ類は夜行動物であり，酸素消費量[38]や摂食行動[39]の日周変化にみられるように，暗期の始まる前後から夜半にかけて生理的活性が亢進する性質を持っている．従って産卵誘発刺激によって触発された成熟に関する生化学的反応も暗期の前後に活発化し，結果として放出行動の発現が暗期開始

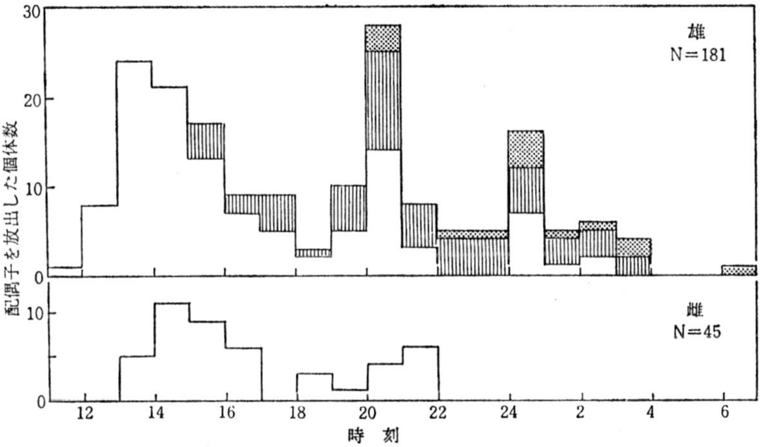

図 5·8　エゾアワビの放卵・放精時刻の分布．

暗期の開始を20：00とする 12 L-12 D の光周期を付与して飼育し，産卵誘発を11：00〜14：50の間に開始した26回の実験の合計．白地，縦線，網目はそれぞれ 1, 2, 3 回目の放出時刻の分布を示す．

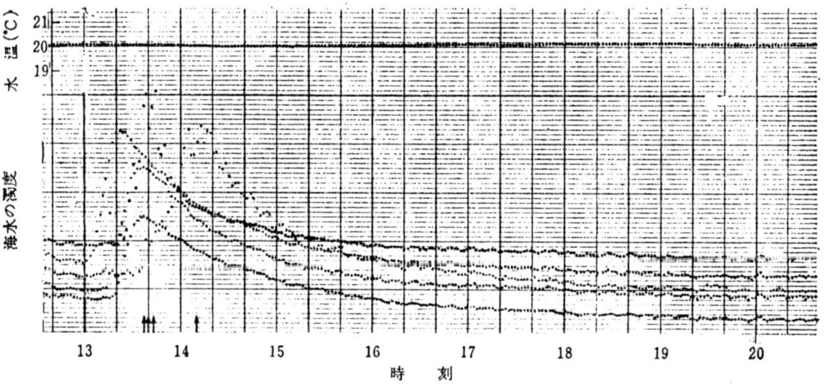

図 5·9　エゾアワビの放精記録と放卵時刻

13：00を暗期の開始とする 12 L-12 D の光周期を付与して飼育し，暗期開始 1 時間 10 分前から UV 海水を投与した．放精は海水の濁度を電圧に変換して記録した．1 線は 1 個体に対応．矢印は肉眼観察による放卵時刻を示す．

直後に収束するという仮説を立てることができよう.

この実験の当初は放出時刻が暗期の始めに集中する現象は予測しなかったので，刺激開始時刻には特に配慮を払っていないが，前述の仮定が成立するならば，刺激の投与を暗期の1～2時間前に開始すると，放出時刻の集中は一層顕著になるものと考えられる.そこであらかじめ13：00を暗期の起点とする 12L-12D の光周期を付与して飼育し，暗期の1時間10分前から刺激を開始したところ放出までの所要時間の個体差が小さく，放出時刻が短時間内に集中した(図 5·9). 平均所要時間は雄：1時間20分，雌：1時間45分，雌雄差：25分で，放出時刻は雌雄とも平均値の±10～20分間に集中し，きわめて高い斉一性を示した. また，放出回数は1回で終了している. 以上の結果はさきの仮説を裏づけているように思われる.

なお，産卵誘発の刺激としては，その後 UV 海水の投与だけで十分であることが判ったので，この実験では他の方法は併用していない.

§6. 配偶子放出の所要時間と卵巣卵の成熟

UV 照射量[24,40]の異なる海水中で産卵誘発を行うと，配偶子放出までの所要時間は照射量との間に双曲線状の対応関係を示す[87]（図 5·10).

双曲線の一般式は $y=\dfrac{c}{x+a}+b$，ここで y：刺激投与後配偶子放出開始までの所要時間(時)，x：UV 照射量(mWh/l)，a, b, c：定数.

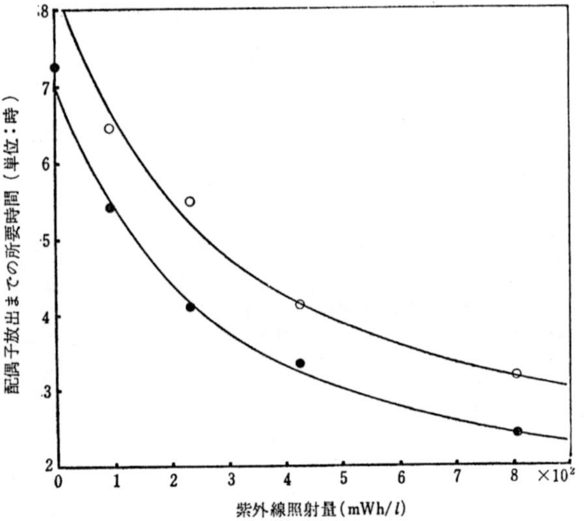

図 5·10　紫外線照射量と配偶子放出までの所要時間の関係.
○は雌を，●は雄をそれぞれ示す.

a は UV 照射以外の物質や環境条件による産卵誘発効力を UV 照

射量に換算した値，bは $x=\infty$ のときの y の値すなわち最強力な刺激を与えてもこれ以下に短縮しない所要時間の限界値，cは母貝の放出刺激に対する感受性に対応する値としてそれぞれ意味づけすることができよう．実験の結果[24]，定数a，b，cの値としてそれぞれ雄：231.3，1.064，1422.4，雌：278.5，1350，1978.7を得た．定数b値は雄：1時間04分，雌：1時間21分に相当し実測値の最少値にほぼ一致している．所要時間の雌雄差については，いくつかの原因が考えられている[41,42]が，放出された配偶子の受精能力は17°Cで3時間余維持される[43]ので，採卵技術上，特に配慮する必要はない．

卵巣卵の成熟過程が卵核胞の崩壊前の段階で休止していて，放出刺激を受けてから成熟過程が進展し，第1減数分裂中期の段階で放出される貝類では，刺激を受けてから放出までに一定の時間を要し，例えばムラサキイガイ *Mytilus edulis* [41]やホタテガイ *Patinopecten yessoensis*[42] では30分前後である．

アワビ類の卵巣内には受精可能な完熟卵は見出されていないので[28]，卵巣卵のステージは上述の型に入る貝類である．核相の進行を示す卵核胞の消失は，卵母細胞が生殖上皮から離れ輸卵管，右腎管を経て泌尿生殖突起前庭へ運ばれる間に起こることが組織学的に明らかにされている[44]．アワビ類では最低でも1時間余を要する配偶子の成熟と放出の過程に，具体的には神経分泌物[45,46]やprostaglandin（以下PGと略す）の関与が示されている．PGの投与や過酸化水素の海水添加によってもアワビ類の産卵が誘起されることから，UV海水の産卵誘起効果は光分解によって生じたオキシダンツが H_2O_2 添加の場合と同様の機序でPG合成に関与する結果と推察されている[47]．PGの生合成[48]や生理作用[49]は成書に詳しい．

UV海水の効果はクロアワビやマダカアワビでも顕著に現われアワビ類に共通した効果をもつものと考えられ[24]，二枚貝のホタテガイ[40]やアカザラガイ *Chlamys farreri nipponensis*[24] にも有効で，適用種はさらに増えよう．H_2O_2 はイガイの一種 *M. californianus* でも効果があったという[47]．

技術的にはアワビ類の産卵の制御すなわち産卵の誘起と放出時刻の設定は人工光周期の付与とUV海水の投与により自在に行えることになった．

§7. おわりに

成熟の進行に長時間を要する種類の貝類では，生殖巣の成熟促進に際し外部からの栄養物質の補給が必須である．生殖巣の発達と温度条件との数量的対応関係は，エゾアワビや *A. irradians*[8,9,50] にみるように摂餌量の影響を大きく受ける．成熟過程の管理を一定の基準で行う場合の再現性は餌料条件の配慮を前提にしてはじめて保障される．近年は二枚貝類の成熟促進に際しても餌料藻類の種類[51]や投与量[10]に考慮が払われつつある．

温度条件の成熟機構への関与の比重が小さいマダカアワビ[52]などの種類や，成熟に要する積算温度値の大きいクロアワビのような種類では，温度による成熟制御には限界があり，育成期間短縮の技術的要求に応えるためには，他の外部環境要因についても検討を進める必要があろう．winter breeders や year-around breeders の成熟と外部環境要因との関係解析も未着手の分野である．

近年，わが国ではハマグリ類 *Meretrix,* アカガイ *Scapharca broughtonii,* ウバガイ *Spisula sachalinensis* などで種苗生産が進められている．砂浜域の開発利用にとって種苗の果たす役割は大きいと考えられるので，これら有用二枚貝類の成熟制御技術の開発は重要課題であろう．

UV 海水は，アワビ類と産卵時の卵のステージを同じくするハマグリ *M. lusoria* やアサリ *Tapes philippinarum* には効果がないらしい[53]．最近，ホタテガイとマガキで神経伝達物資として知られるセロトニンが放卵・放精を誘起することが明らかにされた[42]．このように産卵誘発刺激の作用機序とともに貝類の，卵成熟の生化学的過程には興味深い問題が残されている．

以上に述べてきた温度による成熟の制御とUV 海水による産卵の制御の技術は，エゾアワビの種苗生産場ですでに生産工程の一端として採用されている．また，大量の供給が可能になった卵を用いて，生物学や生化学を基礎とした卵[43,54]や幼生[55,56]の管理と幼生の着底誘起[57,58]に関する技術が進展を見せている．

参 考 文 献

1) A. C. GIESE : Comparative physiology : Annual reproductive cycles of marine invertebrates. *Ann. Rev. Physiol.*, **21**, 547～576 (1959).

2) V. L. LOOSANOFF : Precocious gonad development in oysters induced in midwinter by high temperature. *Science,* **102**, 124～125 (1945).

3) V. L. LOOSANOFF and H. C. DAVIS : Temperature requirements for maturation of gonads of northern oysters. *Biol. Bull.*, **103**, 80～96 (1952).

4) K. S. PRICE, JR. and D. MAURER: Holding and spawning Delaware Bay oysters (*Crassostrea virginica*) out of season II. Temperature requirements for maturation of gonads. *Proc. Nat. Shellfish Ass.*, **61**, 29~34 (1971).

5) R. MANN: Some biochemical and physiological aspects of growth and gametogenesis in *Crassostrea gigas* and *Ostrea edulis* grown at sustained elevated temperatures. *J. mar. biol. Ass. U. K.*, **59**, 95~110 (1979).

6) V. L. LOOSANOFF and H. C. DAVIS: Conditioning *V. mercenaria* for spawning in winter and breeding its larvae in the laboratory. *Biol. Bull.*, **98**, 60~65 (1950).

7) A. N. SASTRY: Reproduction of the bay scallop, *Aequipecten irradians* LAMARCK. Influence of temperature on maturation and spawning. *Biol. Bull.*, **125**, 146~153 (1963).

8) A. N. SASTRY: Temperature effect in reproduction of the bay scallop, *Aequipecten irradiance* LAMARCK. *Biol. Bull.*, **130**, 118~134 (1966).

9) A. N. SASTRY : Regulation of gonad development in the bay scallop, *Aequipecten irradians* LAMARCK. *Biol. Bull.*, **140**, 274~283 (1971).

10) A. VELEZ and C. E. EPIFANIO: Effects of temperature and ration on gametogenesis and growth in the tropical mussel *Perna perna* (L.). *Aquaculture*, **22**, 21~26 (1981).

11) S. T. SMITH and T. H. CAREFOOT: Induced maturation of gonads in *Aplysia punctata* CUVIER. *Nature*, **215**, 652~653 (1967).

12) G. J. STEPHENS and G. C. STEPHENS: Photoperiodic stimulation of egg laying in the land snail *Helix aspersa*. *Nature*, **212**, 1582 (1966).

13) 竹内重夫：無脊椎動物の生殖巣成熟．初期発生における細胞（日本発生生物学会編）．岩波書店．東京1971. pp. 1~16.

14) 宮崎一老：二枚貝の産卵，発生及び仔介の習性について，水産学集成（末広恭雄・大島泰雄・檜山義夫編）．東京大学出版会．東京 1957. pp. 433~443.

15) S. K. WADA: Studies on the fertilization of pelecypod gametes-I. Increase in maturity and accomplishment of fertilization of pearl oyster gametes in ammoniacal sea water. *Mem. Fac. Fish. Kagoshima Univ.*, **12**(2), 92~108 (1963).

16) P. S. GALTSOFF: Spawning reactions of three species of oysters. *J. Wash. Acad. Sci.*, **22**, 65~69 (1932).

17) J. G. CARLISLE, JR.: The technique of inducing spawning in *Haliotis rufescens* SWAINSON. *Science*, **102**, 566~567 (1945).

18) 岩田清二：ムラサキイガイの放卵放精　第2報　電気刺激による放出誘発．日水誌，**15**，443~446（1949）．

19) 岩田清二：カリウム塩注射によるシオフキの放卵放精現象．日水誌，**10**，188~193（1948）．

20) 相良順一郎：NH_4OH による二枚貝の産卵誘発．日水誌，**23**，505~510（1958）．

21) 岩田清二：ムラサキイガイの放卵放精　第8報　アルカリ金属及びアルカリ土金属塩化物の放出能力比較．日水誌，**17**，94~95（1951）．

22) P. S. GALTSOFF: Physiology of reproduction of *Ostrea virginica*. I. Spawning reactions of the female and male. *Biol Bull.*, **74**, 461 (1938).

23) 菊地省吾・浮　永久：アワビ属の採卵技術に関する研究　第1報　エゾアワビ *Haliotis discus hannai* INO の性成熟と温度の関係．東北水研研報，(33), 69~78(1974).

24) 菊地省吾・浮　永久：アワビ属の採卵技術に関する研究　第2報　紫外線照射海水の産卵誘発効果．東北水研研報，(33)，79~86（1974）．

25) 猪野　峻・酒井誠一：アワビの生物学的研究．浅海完全養殖（今井丈夫監修）．恒星

社厚生閣．東京1971．pp. 265～274.

26) R. A. BOOLOOTIAN, A. FARMANFARMAIAN and A. C. GIESE : On the reproductive cycle and breeding habits of two western species of *Haliotis*. *Biol. Bull.*, **122**, 183～193 (1962).

27) 浮　永久・菊地省吾・菅野　尚：アワビ．増殖場造成指針（案）．水産庁．東京．1981, pp. 49～141.

28) 富田恭司：礼文島産エゾアワビの卵巣の成熟．北水試報告，(7)，1～7 (1967).

29) 富田恭司：礼文島産エゾアワビの精巣の成熟．北水試報告，(9)，56～61 (1968).

30) 浮　永久：エゾアワビに対するコンブ目海藻の餌料価値．東北水研研報，(42)，19～29 (1981).

31) 浮　永久・菊地省吾：アワビ属の採卵技術に関する研究第7報　母貝飼育装置の比較検討．東北水研研報，(43)，47～51(1981).

32) G. C. POORE : Ecology of New Zealand abalones, *Haliotis* species (Mollusca : Gastropoda). 4. Reproduction. *N. Z. J. Mar. & Freshwat. Res.*, **7**, 67～84 (1973).

33) 猪野　峻：邦産アワビ属の増殖に関する生物学的研究．東海水研研報，(5)，1～102 (1952).

34) 浮　永久・菊地省吾：アワビ属の採卵技術に関する研究 Ⅸ．エゾアワビの性成熟と摂餌量との関係．昭和52年度日本水産学会春季大会講演要旨集．p. 58 (1977).

35) 佐藤重勝・佐々木　実・菅野　尚：東北海域に於ける浅海漁業　第二集　増・養殖漁場の水温．61pp.，東北水研 (1965).

36) 菊地省吾・浮　永久：アワビ属の採卵技術に関する研究　第5報　クロアワビ *Haliotis discus* REEVE の性成熟と温度との関係，東北水研研報，(34)，77～85 (1974).

37) 浮　永久・菊地省吾：アワビ属の採卵技術に関する研究　第8報　紫外線照射海水によるエゾアワビの放卵・放精行動の発現状況の特徴・東北水研研報，(44)，83～90 (1982).

38) 浮　永久・菊地省吾：エゾアワビの酸素消費量と体重および温度との関係，東北水研研報，(35)，73～84 (1975).

39) N. UKI : Feeding behavior of experimental populations of the abalone, *Haliotis discus hannai*. *Bull. Tohoku Reg. Fish. Res. Lab.*, (43), 35～58 (1981).

40) 浮　永久・菊地省吾：紫外線照射海水のホタテガイ *Patinopeten yessoensis* (JAY) に対する産卵誘発効果．東北水研研報，(34)，87～92 (1974).

41) 岩田清二：軟体動物の卵成熟と減数分裂の誘起．遺伝，**28**(7)，10～16 (1974).

42) 野村　正・森　勝義・松谷武成：有用貝類の産卵誘発機構に関する研究．昭和56年度科学研究費補助金研究成果報告書，16 pp. 東北大学農学部 (1982).

43) 菊地省吾・浮　永久：アワビ属の採卵技術に関する研究　第4報生殖素の受精能力の持続時間と温度との関係．東北水研研報，(34)，73～75 (1974).

44) 隆島史夫・奥野　勝・西村和久・野村　稔：フクトコブシの生殖巣成熟に関する組織学的研究，東水大研報，**65**(1)，1～8 (1978).

45) 八幡剛浩：神経節懸濁液によるエゾアワビの放卵誘起．日水誌，**39**(11)，1117～1122 (1973).

46) T. YAHATA and H. TAKAHASHI : Comparative studies on neurosecretory phenomena in prosobranch molluscs. *Gunma Symposia on Endocrinology*, **11**, 107～127 (1974).

47) D. E. MORSE, H. DUNCAN, N. HOOKER and A. MORSE : Hydrogen peroxide induces spawning in mollusks, with activation of prostaglandin endoperoxide synthetase. *Science*, **196**, 298～300 (1976).

48) 野村　正：ホルモン様作用物質，海洋の生化学資源（日本水産学会編）．恒星社厚生閣．東京 1979. pp. 51～65.

49) 野村　正：プロスタグランジン――種特異性．ホルモンと適応．学会出版センター．東京 1981. pp. 111～128.

50) A. N. SASTRY : The relationships among food, temperature, and gonad

development of the bay scallops *Aequipecten irradians* LAMARCK. *Physiol. Zool.*, **41**(1), 44～53 (1968).

51) M. M. HELM, D. L. HOLLAND and R. R. STEPHENSON : The effect of supplementary algal feeding of a hatchery breeding stock of *Ostrea edulis* L. on larval vigour. *J. mar. biol. Ass. T. K.*, **53**, 673～684 (1973).

52) 菊地省吾・浮　永久：アワビ属の採卵技術に関する研究　第6報　マダカアワビ *Haliotis gigantea* GMELIN の性成熟について，東北水研研報，(35)，85～90 (1975).

53) 浮　永久：紫外線照射海水によるアワビの産卵誘発について．東北水研ニュース，(15)，6～8 (1978).

54) 菊地省吾・浮　永久：アワビ属の採卵技術に関する研究第3報　精虫濃度と受精率の関係．東北水研研報，(34)，67～75(1974).

55) 関　哲夫・菅野　尚：エゾアワビの初期発生と水温による発生速度の制御．東北水研研報，(38)，143～153 (1977).

56) 関　哲夫・菅野　尚・エゾアワビ被面子幼生の着底と変態について．東北水研研報，(42)，31～39 (1981).

57) 関　哲夫・菅野　尚：アワビ足蹠粘液物質によるエゾアワビ被面子幼生の着底誘起．東北水研研報，(43)，29～36 (1981).

58) 赤繁　悟・関　哲夫・菅野　尚・野村　正：γ-アミノ酪酸および二・三の神経伝達物質のエゾアワビ幼生に及ぼす着底・変態誘起効果の検定．東北水研研報，(43)，37～45 (1981).

6. 甲殻類

金 沢 昭 夫*

甲殻類の全生活史を人為的に調節，管理するいわゆる完全人工飼育の技術において，卵巣成熟および産卵の制御は残された研究課題の一つである．とくに日本においては，クルマエビ（*Penaeus japonicus*）の増養殖技術が飛躍的発展を遂げ，水産増養殖技術における先駆的役割を果してきたにもかかわらず，親エビの卵巣成熟から産卵までの過程を人為的に調節することは困難で，種苗生産に用いる親エビは，すべて天然から採取したすでに抱卵したエビに依存している．しかし最近，日本沿岸における親エビの減少は，種苗生産の増大とともに，天然種エビの確保に支障をきたしている．また天然産の産卵直前のエビから稚エビがえられる時期は春から夏に限定され，もしクルマエビの卵巣成熟および産卵を制御し，稚エビを人為的に何時でも生産することができるならば，クルマエビの定常的飼育が可能となるであろう．

一方，アメリカ，イギリス，フランス，インド，フィリッピンなどでは，種苗生産における熟卵親エビの安定供給という面から，卵巣成熟，産卵の制御に関する研究が過去数年間に急速に進展し，興味ある知見が提示されている．

本稿では，水産増養殖上重要な甲殻類とくにエビ類について，世界各地で行われている研究をまとめて紹介する．

§1. 水温および光周期などの調節による成熟，産卵の制御

甲殻類の成熟，産卵に関与する外部環境要因としては，飼育水の温度，塩分濃度，水素イオン濃度（pH）および光周期（photoperiod）などがある．

これらの環境要因が甲殻類の成熟，産卵におよぼす影響についての実験室レベルの研究は，多数報告されている．例えば JOSHI[1] は *Parapenaeopsis stylifera* の卵巣成熟について，光周期（表 6·1），塩分濃度（表 6·2），また産卵について，温度（表 6·3），光周期，塩分濃度などが影響することを示してい

* 鹿児島大学水産学部

る.

外部環境要因による成熟，産卵の制御に関する研究成果が産業上重要な甲殻類の増養殖に応用された例として，MOORE *et al.*[2]，AQUACOP (CNEXO-Centre Océanologique du Pacifique の養殖チーム)[3,4]，BEARD *et al.*[5]，LAUBIER-BONICHON and LAUBIER[6]，LAUBIER-BONICHON[7]，CAUBERE *et al.*[8]，SHLESER and FOLLETT[9] の研究がある．MOORE *et al.*[2] は *Penaeus californiensis* について成熟および産卵に成功している．タヒチの AQUACOP[3,4] では *Penaeus merguiensis*, *P. japonicus*, *Penaeus semisulcatus*, *Penaeus stylirostris*, *Penaeus vannamei*, *Metapenaeus ensis* などを，底面沪過式循環水槽で1日に1～3回換水しながら稚エビから親エビまで飼育した（水温 25～29°C，塩分濃度 34.5‰，pH 8.2，照度は水槽を合成ネットで遮蔽した自然光）．その結果，*P. merguiensis*, *M. ensis*, *P. japonicus*, *P. stylirostris*, *P. vannamei* はいずれも2～3か月間で産卵が認められた．*P. semisulcatus* は卵巣の成熟は

表 6·1 *Parapenaeopsis stylifera* の卵巣成熟におよぼす光周期の影響[1]

	光 周 期	使用尾数	20日後の生残数	卵巣成熟度 (±S.D.)	卵母細胞 (径μm±S.D.)
1.	対 照	5	—	0.62±0.23	14.46±2.64
2.	12L：12D	10	9	3.82±1.66	85.00±4.72
3.	16L：8D	10	8	4.67±1.84	96.38±6.75
4.	24L：0D	10	8	2.66±1.44	50.41±3.76
5.	0L ：24D	10	6	2.25±1.15	40.58±4.36

L＝明期　D＝暗期

表 6·2 *Parapenaeopsis stylifera* の卵巣成熟におよぼす塩分濃度の影響[1]

	塩分濃度	使用尾数	20日後の生残数	卵巣成熟度 (±S.D.)	卵母細胞 (径μm±S.D.)
1.	対 照	5	—	0.48±0.16	11.64±2.78
2.	28±1‰	10	7	1.45±0.77	27.56±4.62
3.	33±1‰	10	8	4.13±1.08	84.24±8.65
4.	39±1‰	10	8	3.24±1.16	70.81±6.28

表 6·3 *Parapenaeopsis stylifera* の産卵におよぼす温度の影響[1]

	温 度	使用尾数	産卵尾数	産卵率(%)
1.	20±1°C	10	0	0
2.	25±1°C	10	7	70
3.	30±1°C	10	10	100

認められたが，産卵にはいたらなかったとしている．BEARD *et al.*[5]はイギリスのコンウイにおいて，南方産エビ *P. merguiensis* を循環水槽を用いて（週に50％換水），3世代にわたって飼育している（水温25〜31°C，塩分濃度30〜36

表 6·4　*Penaeus merguiensis* の3世代飼育における生残と産卵率
（a，飼育前尾数；b，飼育後尾数）[5]

世代		尾数		雌雄比	生残率%		飼育日数	へい死率	産卵率	平均産卵率/
		♂	♀	（♂：♀）	♂	♀	（月）	%/月	（回数/月）	♀/月
P_1	a	10	14	1：1.4						
	b	5	6		50	43	11	4.9	2.6	0.26
F_1	a	15	30	1：2.0						
	b	5	5		33	17	12	6.5	5.7	0.33
F_2	a	35	41	1：1.2						
	b	24	15		69	37	5	9.7	15.2	0.54
平　均								7.0		0.38

‰，pH 7.5〜8.5，照度1000〜3000 lumens/m^2，光周期は自然条件）．ふ化後50〜60日で0.15 gのポストラーバーに到達し，16週間後5〜7 gに成長し，その生残率は24〜58％を示した．表6·4に示す通り，*P. merguiensis* は2.6か月毎に産卵をくりかえしている．LAUBIER-BONICHON and LAUBIER[6] およびLAUBIER-BONICHON[7] は *P. japonicus* の稚エビを日本から空輸して，フランスのブレストにあるCONEXOのブルタニュー海洋センターにおいて，稚エビから熟卵親エビまで育成し，産卵，ふ化に成功し，現在，数代目の親エビが飼育されている．1〜2才エビの雌雄を同数ずつ二重底循環水槽に入れ（1日に150％換水），温度と光周期を調節して卵巣を成熟させている．すなわち，室内飼育水槽の温度は15°Cから24°Cまで2か月かかって徐々に上昇させ，その後24°Cで一定に保った．また同時に光周期を変化させ，2000〜6000 luxの螢光灯を1日当り12 3/4時間から14 3/4時間まで徐々に照射時間を2か月半かけて延長させ，その後一定にした．4月に実験を開始し，クルマエビの卵巣は成熟し，最初の産卵が7月に観察され，実験開始後，18か月間に雌エビ1尾当り15回産卵したという．またフランスのCAUBERE *et al.*[8] も日本産クルマエビについて，LAUBIER-BONICHONと同様に温度と光周期を調節して，卵巣の成熟，産卵，ふ化を促進させ稚エビをえている．

以上外部環境要因による成熟，産卵の制御を要約すると，まず温度については，熱帯地域では周年22〜31°Cで制限因子となりにくいが，亜熱帯地域では制限因子となり，例えば温度を15°Cから24°Cに変化させ，成熟，産卵を刺激することができる．明期および暗期の光周期も徐々に変化させ，成熟および産卵の誘発を促すことが可能である．光の波長も影響し，青い透過光または自然光がよいようである．塩分濃度およびpHの影響は甲殻類の種類により異なるが，海産エビ類では塩分濃度27〜36‰の範囲で，pH約8.2で誘導に成功した例が多い．NH_3濃度は0.1 mg NH_3-N/l以上になると阻害作用が認められる．成熟，産卵にはある程度の水圧が必要であるといわれているが明確ではない．卵巣成熟のための水槽のサイズは底面積4 m^2以上，飼育密度は3〜7尾/m^2が望ましい．

§2.　眼柄切除による成熟，産卵の制御

エビ，カニ類の脱皮と生殖に関与するホルモンとして，脱皮ホルモン（molting hormone），脱皮抑制ホルモン（molt-inhibiting hormone），生殖巣刺激ホルモン（gonad-stimulatory hormone），生殖巣抑制ホルモン（gonad-inhibiting hormone），造雄腺ホルモン（androgenic hormone）などがある（Adiyodi and Adiyodi[10]）．このうち，脱皮抑制ホルモンおよび生殖巣抑制ホルモンは眼柄にあるX器官の神経分泌細胞で生産され，X器官一サイナス腺連絡の神経繊維を経由してサイナス腺から放出されることが知られている（図6·1）（Tombes[11]）．したがって，甲殻類の眼柄切除により，脱皮，交尾を行わせ，卵巣の成熟と産卵を誘発しようという試みがなされ[12~14]，最近この方法が増養殖の分野で利用されつつある．眼柄切除法は東南アジアおよびインドなど温度および日照時間の変動が少なく，それらの環境要因による成熟，産卵の制御が困難な熱帯地

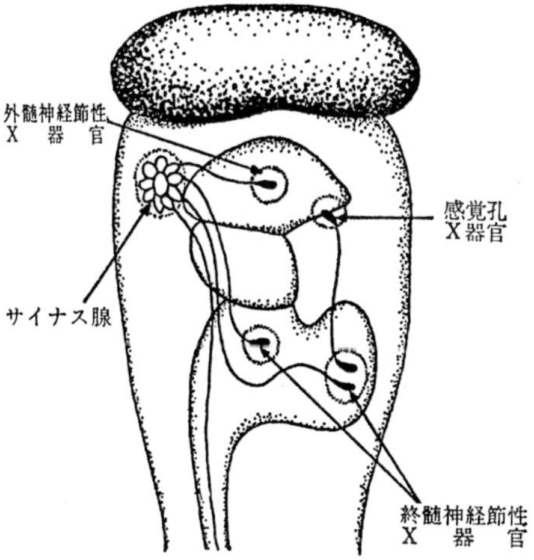

図 6·1　エビの一種（*Leander serratus*）の眼柄模式図[11]）

域で主として研究されている．

Arnstein and Beard[15] は *Penaeus orientalis* について眼柄切除を行い，12〜14日後に卵巣成熟し産卵が可能であったことを報告している．南方産クルマエビ科の一種 ***Penaeus monodon***（ウシエビ）は成長が早く，東南アジア地域では古くから養殖が行われ，種苗生産にも成功しているが，熟卵親エビの確保が困難な現状である．タヒチの AQUACOP およびフィリッピンの東南アジア漁業開発センター（SEAFDEC）養殖部局では，*P. monodon* に眼柄切除法を採用し効果をあげている．AQUACOP[4,16] では，眼柄切除法により，*P. monodon* の卵巣成熟および産卵を誘発し，21〜28日後に6尾の雌エビから 3.3×10^6 の卵をえている（環境条件：水温 25〜29°C，塩分濃度35‰，pH 8.2）．SEAFDEC の Wear and Santiago[17] および Santiago[18] は，*P. monodon* に眼柄処理を行った．両眼柄切除は高いへい死率をまねき，片方眼柄切除で産卵に成功している．眼柄切除を施さなかったものは9か月経過しても産卵しなかったが，眼柄切除したものは生殖巣の発達が誘導された．また SEAFDEC の Primavera and Borlongan[19]，Primavera[20]，Primavera *et al.*[21] も沿岸で採集した *P. monodon* の稚エビを池で4か月飼育したのち，雌エビの眼柄切除を行い，同数の雄エビと共に屋内コンクリート水槽内で飼育し，眼柄切除後3週間目に産卵，ふ化させることに成功している．このように雌 *P. monodon* について眼柄切除を行うと，ふ化から産卵まで約5か月で再生産できる（水温 24〜29°C，塩分濃度 30〜34‰，pH 7.8〜8.1）．またインドでは，Halder[22] が *P. monodon* について眼柄切除による卵巣成熟と産卵誘発試験を行い，その効果を明らかにしている．Muthu and Laxminarayana[23,24] も *P. monodon* をはじめ *Penaeus indicus, Metapenaeus dobsoni* および *P. stylifera* について，眼柄切除を行い，いずれも10〜16日という短期間で産卵誘導に成功している．*P. monodon* では眼柄切除した62尾中10尾が成熟し，9尾が産卵し，*P. indicus* では眼柄切除した180尾中40尾が成熟し，31尾が産卵したという．Lumare（イタリア）[25] は *Penaeus kerathurus* に眼柄切除を施し，11〜12月で43〜69日後，3月で30日後，5〜6月（天然の産卵期）で10日後に産卵を確認している．オーストラリアでは Kelemec and Smith[26] が *Penaeus plebejus* に眼柄切除を行った結果，卵巣の成熟および産卵が認められたが，卵はふ化しなかったと述べている．アメリカのテキサスのガルベストン研究所のBROWN *et al.*[27] は *P. stylirostris* について，眼柄切除した35尾の雌エビと同数の雄を径3mの水槽に入れ飼育した（水温29〜30°C，塩分濃度20〜30‰），結果として，39日目で産卵を誘発し，190日間に雌1尾当り9〜10回産卵し，ふ化率は平均50%で，746,000尾のポストラーバーがえられている．

最近 PRIMAVERA and POSADAS[28] は *P. monodon* の産卵後の卵を形態学的に A_1型，A_2型，B型，C型，D型に分け，卵質とふ化率との関係を調べ，ふ化率は A_1型58%，A_2型32%，B，CおよびD型は0%であった．また眼柄切除による *P. monodon* のふ化率は未処理（天然産）35.03%に対して，眼柄処理エビは天然産で30.43%，池産で18.95%であったという．

一般にエビ類の眼柄切除を行う際の脱皮ステージは，エビが最も生理的に安定なCステージがよい．眼柄切除は両眼柄切除をするとへい死率が高いので，片方眼柄切除が用いられている．眼柄の切除法もハサミで切り落す方法より，ピンセットで眼柄を固定し，眼柄先端の複眼の部分をつぶして穴をあけ，眼柄中にあるサイナス腺，X器官などを押し出して除去する方法，または電気焼灼法がよい．

§3. 環境要因および眼柄切除による成熟，産卵の制御

眼柄切除による卵巣成熟および産卵促進は，眼柄切除法が適当でないとへい死率が高く，また産卵ふ化率も低い場合がある．一方，飼育水温および光周期を調節する方法は産卵までに長期間を必要とする．金沢[29]は *P. japonicus* について，眼柄切除によるホルモン調節法と水温，光周期を調節する方法を組み合せ，産卵，ふ化を誘導させ，稚エビをうる方法を発表している．*P. japonicus* はふ化後1年以上経過した体重50〜100gの天然産または養殖産親エビを用いる．予備飼育は雌雄別々の水槽で行う．脱皮ステージC[30]の雌を選び，左右いずれかの眼柄を1個だけ切除する．眼柄切除処理をした雌エビは雄エビとともに水槽で飼育する．飼育水槽は底面沪過循環方式とした（図6·2）．すなわち，容量1000*l* の水槽に底から10cmまで石を置き，中央に内径100m/mの湧水管を取りつけ，石の上に3m/m目の合成繊維ネットを敷き，この上に海砂を10cmの厚さに敷き，海水を水深100cmとして用いる．湧水管は水面にほぼ

等しい高さに直立せしめ，この中にエアストーンのついた散気管を潜め，湧気によって水の循環と酸素の供給をはかる．水槽は黒いビニールでおおって光を遮断し，螢光灯による照射だけとする．*P. japonicus* は水温 15°C，明期8時間として予備飼育したのち試験を開始する．飼育条件は，通常水温約15°Cとし，毎日0.5～2°Cずつあげ，25°Cに到達した後は 25°Cに維持する．明期は当初8～10時間とし，毎日30～60分ずつ延長して，16時間に達してからはこれを維持する．試験は自然条件では，卵巣成熟，産卵，ふ化が認められない12月から翌年2月まで冬期に実施した．予備飼育中の餌は主として人工配合飼料，本実験では生アサリを用いる．1月7日に眼柄切除雌エビと処理しない雄を水槽に入れ，水温を毎日1°Cずつ上昇させ，また明期を毎日1時間ずつ延長させながら飼育した結果，雌エビの卵巣は当初成熟度1（卵巣の成熟度は1から4まで分類され，1. 未熟，2. やや成熟，3. 黄色期，4. 成熟）でも急速に成熟し，成熟度2，3，4を経過して，水温 23°C，明期16時間に達した時，眼柄切除8日後（1月15日）に第1回目の産卵（50,000

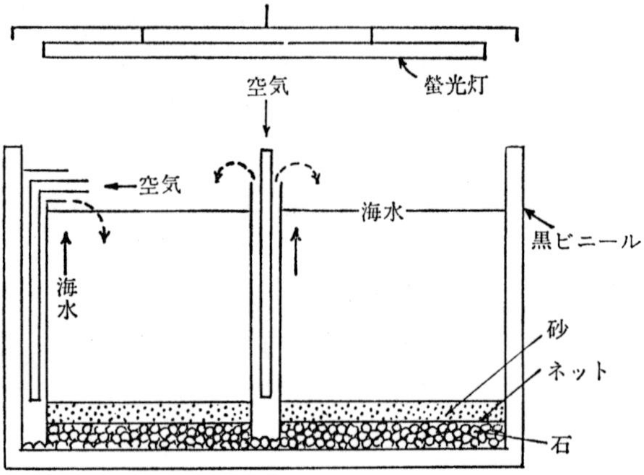

図 6·2　クルマエビの卵巣成熟用水槽[29]

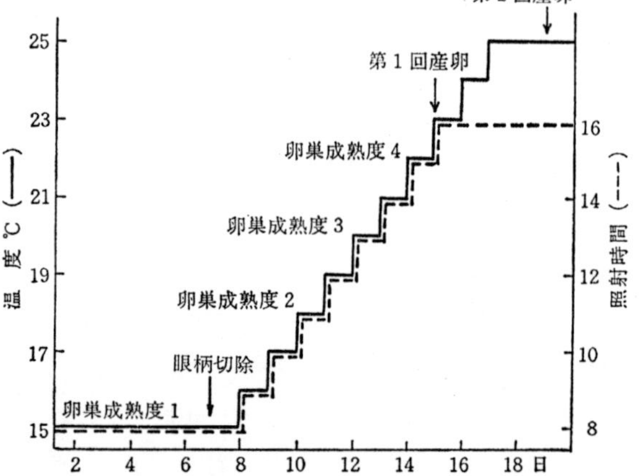

図 6·3　クルマエビの卵巣成熟および産卵[29]

個）が認められ，引続いてさらに4日後（1月19日）には第2回目の産卵(20,000個）が観察された．卵は順調にふ化して，ゾエア期，ミシス期を経てポストラーバー期に到達している（図6·3).

§4. ホルモン処理による成熟，産卵の制御

甲殻類の生殖巣発達に対するホルモン投与の影響については，古くから研究が行われている．最近，Joshi[1] は *P. stylifera* の卵巣成熟におよぼすプロゲステロンの効果を明らかにしている（表6·5)．またプロピオン酸テストステロンが造雄腺活性および精子形成に影響をおよぼすことも報告されている．

表 6·5 ***Parapenaeopsis stylifera*** の卵巣成熟におよぼすプロゲステロン投与の影響[1]

試験区	使用尾数	卵巣成熟度 (±S. D.)	卵母細胞 (径μm±S. D.)
1. 対　照	5	0.70±0.14	18.26±1.32
2. グループA（プロゲステロン 80μg 注射）	10	4.74±1.88	106.48±6.28
3. グループB（1%エタノール 80μg 注射）	10	2.46±1.20	48.59±6.62

以上述べてきたように，クルマエビをはじめエビ，カニ類の光周期，水温調節法および眼柄切除法は，それぞれ単独でも卵巣の成熟および産卵を誘発することができるが，両者を併用すると一層効果がある．今後これらの方法を確立させるためには，脱皮，交尾，受精卵，産卵数，ふ化率，幼生のへい死率など，天然種エビのそれらと比較検討することが必要である．試験水槽における雌雄の比は1：1がよい．また成熟，産卵に用いるエビ類の年令は *P. japonicus*, *P. aztecus* 1か年令，*P. monodon* 5～15か月令，*P. merguiensis* 4～7か月令，*M. ensis* 8か月令がよいとされている．また飼育中の餌料も重要な因子で主としてイガイ，カキ，アサリ，イカなどの生餌が用いられている．成熟，産卵に対して脂肪酸，リポプロテインなどが影響するのではないかという報告もあるが，詳細については明らかでない．将来，飼料による卵巣成熟および産卵促進も可能と考えられる．

参考文献

1) P. K. Joshi : Reproductive physiology and neurosecretion in some Indian marine prawns. Ph. D. Thesis, Marathwada University, Aurangabad,

India (1980).

2) D. W. MOORE, R. W. SHERRY, and F. MONTANEZ : Maturation of *Penaeus californiensis* in captivity. *Proc. 5 th Annu. Workshop, World Mariculture Soc.*, 5, 445〜449 (1974).

3) AQUACOP :Maturation and spawning in captivity of penaeid prawn *Penaeus merguiensis* de Man, *Penaeus japonicus* Bate, *Penaeus aztecus* Ives, *Metapenaeus ensis* de Haan, and *Penaeus semisulcatus* de Haan. *Proc. 6 th Annu. Workshop, World Mariculture Soc.*, **6**, 126〜132 (1975).

4) AQUACOP : Penaeid reared broodsto ck :Closing the cycle of *P. monodon*, *P.stylirostris*, and *P. vannamei*. *Proc. 10th Annu. Workshop, World Mariculture Soc.*, **10**, 445〜452 (1979).

5) T. W. BEARD, J. F. WICKINS, and D. R. ARNSTEIN : The breeding and growth of *Penaeus merguiensis* de Man in laboratory recirculation systems. *Aquaculture*, **10**, 275〜289 (1977).

6) A. LAUBIER-BONICHON and L. LAUBIER : Reproduction contrôlée chez la crevette *Penaeus japonicus*. *FAO Technical Conference on Aquaculture, Kyoto, Japan 26 May-2 June* 1976.

7) A. LAUBIER-BONICHON : Écophysiologie de la reproduction chez la crevette *Penaeus japonicus*. Trois années d'expérience en milieu contrôlé. *Oceanol. Acta*, **1**, 135〜150 (1978).

8) J. L. CAUBERE, R. LAFON, F. RENE, and C. SALES : Maturation et ponte chez *Penaeus japonicus* en captivite, essai de controle de cette reproduction a maguelone sur les cotes Francaises. *FAO Technical Conference on Aquaculture, Kyoto, Japan 26 May-2 June 1976*.

9) R. A. SHLESER and L. F. FOLLETT : Research and development on maturation and production of penaeid shrimp in the western hemisphere. *U. S.-Japan Aquaculture Panel. Kyoto. Japan 26〜27 May 1980*.

10) K. G. ADIYODI and R. G. ADIYODI : Endocrine control of reproduction in decapod crustacea. *Biol. Rev.*, **45**, 121〜165 (1970).

11) A. S. TOMBES : An Introduction to Invertebrate Endocrinology, Academic Press., New York, 1970, pp. 124.

12) T. S. CHEUNG : The environmental and hormonal control of growth and reprodution in the adult female stone crab, *Menippe mercenaria* (Say). *Biol. Bull.*, **136**, 327〜346 (1969).

13) C. P. IDYLL : Induced maturation of ovaries and ova in pink shrimp. *Comm. Fish. Rev.*, **33**, 20 (1971).

14) A. BOMIRSKI and E. KLEK : Action of eyestalks on the ovary in *Rhithropanopeus harrisii* and *Crangon crangon* (Crustacea : Decapoda). *Mar. Biol.*, **24**, 329〜337 (1974).

15) D. R. ARNSTEIN and T. W. BEARD : Induced maturation of the prawn *Penaeus orientalis* kishinouye in the laboratory by means of eyestalk removal. *Aquaculture*, **5**, 411〜412 (1975).

16) AQUACOP : Reproduction in captivity and growth of *Penaeus monodon*, Fabricius in Polynesia. *Proc. 8 th Annu. Workshop, World Mariculture Soc.*, 8, 927〜945 (1977).

17) R. G. WEAR and A. C. SANTIAGO : Induction of maturity and spawning in *Penaeus monodon* Fabricius, 1798, by unilateral eyestalk ablation (Decapoda, Natantia). *Crustaceana*, **31**, 218〜220 (1976).

18) A. C. SANTIAGO : Successful spawning of cultured *Penaeus monodon* Fabricius after eyestalk ablation. *Aquaculture*, **11**, 185〜196 (1977).

19) J. H. PRIMAVERA and E. BORLONGAN : Ovarian rematuration of ablated sugpo prawn *Penaeus monodon* Fabricius. *Ann. Biol. Anim. Bioch. Biophys.*, **18**, 1067～1072 (1977).

20) J. H. PRIMAVERA : Induced maturation and spawning in five-month-old *Penaeus monodon* Fabricius by eyestalk ablation. *Aquaculture*, **13**, 355～359 (1978).

21) J. H. PRIMAVERA, E. BORLONGAN, and R. A. POSADAS : Mass production in concrete tanks on sugpo *Penaeus monodon* Fabricius spawners by eyestalk ablation. *Fish. Res. J. Philippines*, **3**, 1～12 (1978).

22) D. D. HALDER : Induced maturation and breeding of *Penaeus monodon* Fabricius under brackishwater pond conditions by eyestalk ablation. *Aquaculture*, **15**, 171～174 (1978).

23) M. S. MUTHU and A. LAXMINARAYANA : Induced breeding of the Indian white prawn *Penaeus indicus*. *Mar. Fish. Infor. Ser. T & E Ser.*, No. 9, 61 (1979).

24) M. S. MUTHU and A. LAXMINARAYANA : Induced maturation and spawning of Indian penaeid prawns. *Indian J. Fish.*, **24**, 172～180 (1980).

25) F. LUMARE : Reproduction of *Penaeus kerathurus* using eyestalk ablation. *Aquaculture*, **18**, 203～214 (1979).

26) J. A. KELEMEC and I. R. SMITH : Induced ovarian development and spawning of *Penaeus plebejus* in a recirculaiting laboratory tank after unilateral eyestalk enucleation. *Aquaculture*, **21**, 55～62 (1980).

27) A. BROWN, J. MCVEY, B. M. SCOTT, T. D. WILLIAMS, B. S. MIDDLEDITCH, and A. L. LAWRENCE : Preliminary results on the maturation and spawning of *Penaeus stylirostris* under controlled laboratory conditions. *U. S.-Japan Aquaculture Panel. Kyoto, Japan 26～27 May 1980.*

28) J. H. PRIMAVERA and R. A. POSADAS : Studies on the egg quality of *Penaeus monodon* Fabricius, based on morphology and hatching rates. *Aquaculture*, **22**, 269～277 (1981).

29) 金沢昭夫：クルマエビの人工的卵巣成熟および産卵誘導．養殖，**18**，94～97（1981）．

30) P. DRACH and C. TCHERNIGOVTZEFF : Sur la methode de determination des stades d'intermue et son application general aux crustacea. *Vie Milieu*, **18**, 595～610 (1967).

7. サケ・マス類

隆 島 史 夫*

サケ・マス類の成熟および産卵に対する環境の影響を調べたのは，HOOVER (1937)[1] が最初である．彼は，繁殖時期の鳥類やヒツジ，シカに及ぼす夜間照明の影響に関する当時の研究成果にヒントを得て，カワマスを早春から初夏にかけては自然日長よりも長日，その後は短日で飼育した．そして雌雄とも自然の産卵期より2か月余も早く成熟することを見いだした．

その後，HAZARD and EDDY[2] は，日長変更による成熟促進技法の実用化を検討した．そして1月1日から1日1時間ずつ日長を増加し，明期20時間となった時点から逆に1日1時間ずつ減少していけば，7月中旬には採卵可能となることを示した．また ALLISON[3] は，水生菌症のため産卵期のカワマス雄魚が高い死亡率を示す原因を究明し，成熟現象との関連性を認めた．そこで8月中旬から飼育池に夜間照明を施したところ，精巣発育が抑制され，死亡率が減少傾向を示したと報告している．

このように，日長変更によって成熟の促進または抑制が可能であることは，ブラウントラウト[4]，ギンザケ[5]，ニジマス[6~11]，ベニザケ[12]，カラフトマス[13]，大西洋サケ[14,15]，イワナ*2，ヤマメ[16] など他のサケ・マス類においても知られている．

一方，サケ・マス類の成熟に及ぼす水温の影響についてはあまり検討されていないが，一定の範囲を越えた水温環境で飼育した場合には妊性低下を招く[17]．

本稿では，以上の諸知見にみられる環境と成熟の係わりを整理し，有効とおもわれる成熟促進または抑制の技法を紹介する．またより一層効果的な調節技法を確立する上で有用な基礎的資料と考え，環境調節にともなう内分泌現象の変動傾向についても触れる．

*1 東京水産大学

*2 筆者ら（未発表）

§1. 日 長

1・1 日長変更方法

日長変更によって成熟を制御しようとする場合，変更のパターンや最も有効な日長時間，変更期間，変更開始時期，照度などが明らかにされていることが望ましい．

日長影響研究のパイオニアであるHOOVER[1,18]は，カワマスの成熟促進を目的として，まず2月20日から自然日長へ1日1時間ずつ明状態をプラスした．そして22時間明期となった時点から，今度は逆に8時間だけ明状態となるまで，1日1時間ずつ日長を減少させた(図7·1)．このような，自然日長の年変化パターンを短縮し，かつ最長日長と最短日長との差を大きくする方法は，その後もHAZARD and EDDY（カワマス）[2]，KINGSBURY（ブラウントラウト）[4]，

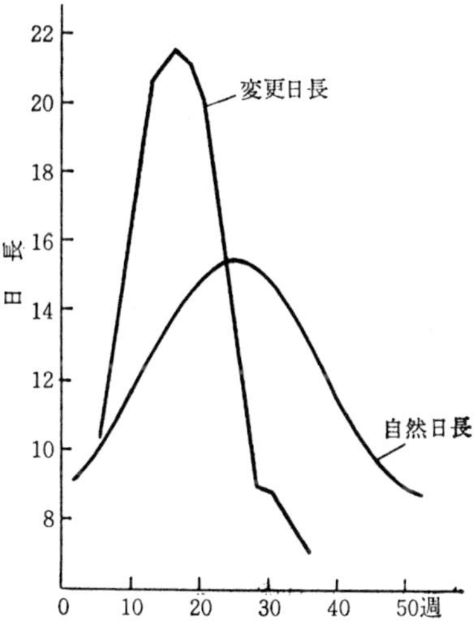

図 7·1 HOOVER[1] が行った日長変更方式．カワマスを対象とし，成熟促進が可能であることを最初に示した．

表 7·1 成熟促進が可能であった場合の日長.

魚種	性	長日時間	長日期間(週)	短日時間	短日*1期間(週)	促進*2期間(週)	出典
カワマス	♀	21.5	10	<8	16	≒16	1,18)
	♀	20	10	6	19	≒4	2)
	♀・♂	23	12-18	7-12	10-14	≒8	19)
	♀	23	9-12	8	14-21	≒4	6)
ブラウントラウト	♀	22.25	—	7.35	16	2-3	4)
ニジマス	♀・♂	23	9-12	8	14-21	≒4	6)
	♀	20	—	5	≒18	4-6	20)
	♀	16	6-18	8	24-26	6-12	11)
ギンザケ	♀	16	—*3	8	—	≒16	5)
カラフトマス	♀・♂	16	—*3	8	—	≒12	13)

*1 日長減少開始後採卵可能となるまでの期間.
*2 自然日長下飼育魚に比較して促進されたと判断した期間.
*3 成熟年令に達する以前から日長変更を行っている.

Carson（カワマス）[19)]，野村（カワマス）[6)] によっても採用され，それぞれ成熟促進効果が認められている（表 7·1）．特に，Henderson[20)] はカワマスを対象に図 7·2 のような日長変更方法を検討し，春季以降長日あるいは短日のまま

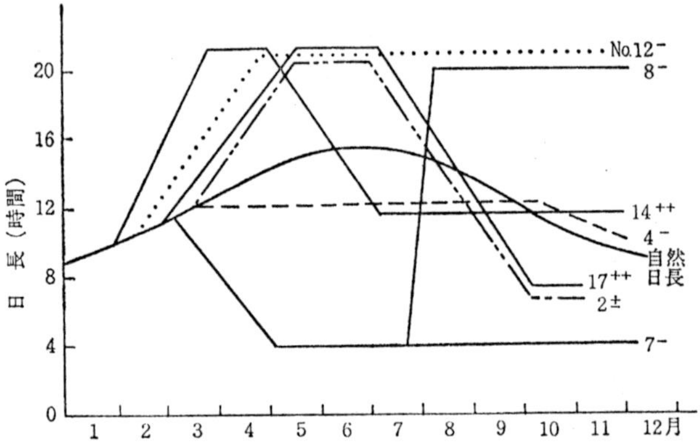

図 7·2　カワマスの成熟におよぼす日長の影響をみるため Henderson[20)] が行った変更設計．＋＋は成熟が促進，－は抑制されたことを示す．±は変化がなかった．

とした場合には成熟が遅れること，成熟促進を目的とした場合の日長変更方法としては，一旦長日後に短日とするいわば自然日長の年周期を模した方式が最も有効であることを示した（図 7·2，No. 8 の事例）．しかし，自然日長を模した変更を行う場合，毎日少しずつ変化させる方式*1が効果的か，一挙に増減させる方*2が有効かは議論の分かれるところである．先にのべた Hoover をはじめ，多くの例においては日長を漸増・漸減する方式を採用している．これに対し，Breton and Billard[10)]，Billard *et al.*,[21)] は，雄ニジマスにおいては漸減方式のみで精子形成を促進するとの結果を得ている．しかし Lundquist[14)] や Erickson and Lundquist[15)] は，大西洋サケの雄魚における，parr の早熟現象は，急速に短日化しても毎日少しずつ短日化しても同率に生じたと報告し，両方式に相違はないとしている．また，Whitehead and Bromage[22)] は，いずれの方式を採ろうともニジマスの成熟促進効果に相違は生じなかったとの結論を得ている．さらに，Carson[23)] は，夏の短期間に解氷し，水中照度が急速に増大する高緯度地方の湖産カワマスの成熟状況について調査し，日長のゆるや

* Gradually decreasing method，これによる効果は differential effect.

*2 Suddenly decreasing method 効果を proportional effect という．

かな変化が成熟進行に不可欠であるとはおもわれないとのべている．

このように，日長の増減方法の効果に関しては異なる実験結果が得られている．しかし，日長急変方式で有効であることは，実用上からは都合がよい．

有効日長時間に関して HENDERSON[20] は，長日として20時間の明期，短日として12時間ないし7時間の明期を採用している．他の研究例をみても，長日として16～20時間明期，短日として6～8時間明期を設定している場合が多い．しかし，短日として12時間明期でも有効であったとする例もあり[20,23]，短日に関しては絶対時間と相対的時間のいずれが重要な因子かは不明確である．

日長変更の継続期間も，研究者によって一定していない．おおむね，長日期間として6～18週が採用されている（表7·1）．これは，魚種や日長変更の方法，開始時の成熟状況によって異なるためとおもわれるが，結論は今後の検討に待つ必要がある．一方，短日期間は，これを日長減少操作開始後産卵可能となるまでの期間とすると，カワマスで10～21週，ニジマスで14～26週，ベニザケで5～6週の範囲にある．

日長変更の開始時期は，採卵希望時期によって異なる．夏から秋にかけて卵を得たい場合，自然生殖周期の比較的早い時期（1～3月）から長日下で飼育するが，その時期が早いほど採卵可能時期が一層早まるようである．例えば，HAZARD and EDDY[2] は，8月1日以降短日としてカワマスの成熟を促進し得たが，冬から春にかけて長日で飼育し，5～6月以降短日とした場合の方がより早く産卵した事例を紹介している．また HENDERSON[20] の実験結果をみると，春分以前から長日として夏至をすぎて短日とした事例（図7·2の No. 14, 17）の方が自然日長よりも成熟が促進している．一方，春分以降長日とし，夏至すぎて短日とした事例（No. 2）ではそのような現象はみられていない．これらの結果は，成熟促進を目的として長日→短日の日長変更を施す場合であっても，比較的早い時期から長日を経験させた方がより効果的であることを示唆しているが，その生理学的意義についてはさらに検討を要する．

さて，長日状態や短日状態におく場合，明期と暗期の照度および照度差は，実用上大いに問題とされるはずだが，これまでこの点について深く検討されたことはほとんどない．

HOOVER[1]，HAZARD and EDDY[2] は，長日を得るために25 W 電球と16燭光

電球を使用したとしか記載していないし，ALLISON[3] も 100 W 電球 4 個および 200 W 電球 2 個を点灯したとのみのべているにすぎない．照度について全く触れていない報文もあるが，これまでに報告されているなかから有効例を拾う

表 7·2　日長変更時の照度．いずれも成熟時期を変更し得た事例．

池面積(m^2)	照　　明	水面照度(明期)	出典
—	250W 電珠＋16WCP 電球	—	1)
248	150W リフレクターランプ　12個	444ルーメン/m^2	3)
7.1	40W 蛍光灯　4 本	平均 350lux	5，13)
21.5	100-200W 電球　4 個	450-640lux	6)
12	20W 蛍光灯　2 本	—	7)
7.1	500W 電球　1 個	—	8)
1.1	200W 電球　1-2 個	8-62fc	20)
2.8	200W 電球　3 個	24-63fc	20)
—	蛍光灯 3 本（ワット数不明）	1200lux	10)
346	300W 電球　14個	—	12)
—	蛍光灯（ワット数不明）	100lux	14)
4	20W 蛍光灯　1	2000lux	*)

fc：footcandle（フィート燭光）

*　筆者ら（未発表）

と，水面上の明るさが 100〜1500 lux の範囲が多い（表 7·2）．一方，暗状態に関しては，極力暗くしたと付記されているのがせいぜいで，多くの場合，照度は測定されていない．ニジマスの場合，数十 lux 程度の洩光は影響を与えないようであるが，魚類はかなりの低照度を感知するとの報告もあり[26]，実用上十分な暗期照度を明確にしておくことが望まれる．

1·2　わが国における実用例

わが国における日長変更による催熟実用化試験は，全国河川湖沼研究会養鱒部会の連絡試験として，主にニジマスを対象とし，1962〜64年（昭和37〜39）度に行われた．結果は同会編「養鱒の研究」に記録されているので参照されたい．

現在，それらの結果をふまえて通常の採卵期以外にニジマス採卵業務を行っている機関は，公私ともに少なくない．これは，遊休施設を少なくして回転を早くすることができるため通年の生産量をふやすことができる，輸出用の大型魚の育成に都合がよい，ウイルス性疾患の非流行期に稚魚を飼育することができるので生残率が高くなる，などの利点のために春から秋にかけて発眼卵の需

要が多いからである．また，他のマス類の採卵業務との集中を避け得る点も利点の一つである．

図7·3は，現在実用されているニジマスを対象とした日長変更方法をまとめ

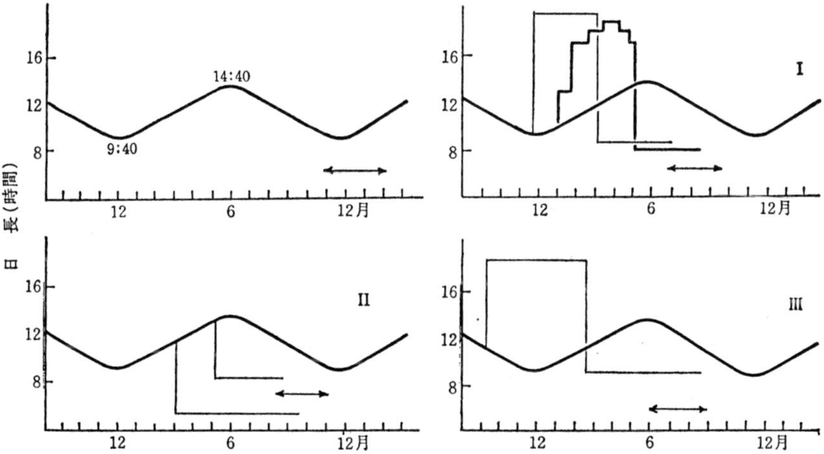

図 7·3 ニジマスを対象に実用化されている日長変更パターン（原図）．↔は採卵可能期間．

たものである．Ⅰ型は12月～1月から漸増式あるいは急増式によって日長を16～18時間と増加させ，漸増式の場合は4週後位，急増式の場合は6～12週後にそれぞれ日長を漸減あるいは急減させるもので，早ければ7月末，遅くとも8月中旬には採卵可能となる．

Ⅱ型は，春分から夏至の頃以降短日下で飼育するもので，9～10月に採卵可能となる．

Ⅲ型は，9～10月以降16～18時間の長日下で飼育し，翌年2～3月に短日（多く自然日長）下へ移すもので，7月～9月に採卵可能となる．

これらのうち，Ⅰ，Ⅱ型は成熟促進を，Ⅲ型は遅延を意図している．いずれもシェードカルチャーとよばれている方式で，得られた種苗（発眼卵）は夏卵（または早期卵，調節卵）と称されている．

生産施設は，むろん機関によって画一的ではない．しかし，親魚が健全に飼育でき，かつ十分に遮光できる屋内池が必要とされている．池の大きさや注水量，収容量，光源の種類や照度などは区々である．一例をあげると，岩手県松尾養鱒場[24]では35～119 m^2 のコンクリート池を用い，経産ニジマス3年魚（体

重1.1～1.5 kg）を13～15尾/m^{2}収容し，2月1日から日長18時間，4月1日から同8時間で飼育し（I型に相当），7月下旬から8月初旬にかけて採卵している（水温10～13°C）．長日は，池単位面積（m^2）あたり8～16 Wの螢光灯（防水型）を点灯して得ており，明期照度は30～75 lux以上である．同場では，この施設によって毎夏300～500万粒を採卵している．

長野県下には，200～300 m^{2}の池を用い，500～600万粒，多い例では2,000万粒もの夏卵を生産している養鱒業者が数人いる．そこで使用されている光源は，300～700 W程度の螢光灯もしくは水銀灯で，経産魚を対象にIII型もしくはI型に従った日長変更方式を採用している．

このように，日長変更による周年採卵はかなり実用化されている．しかし，夏卵生産上の問題点もいくつかあり，その第1に卵質劣化傾向があげられる．すなわち，ニジマスの場合，夏卵の平均発眼率は60～80％で，冬期に得た卵に比較して低い．

第2は，群成熟率（総親魚数に対する成熟親魚数の割合）が低い点である．松尾養鱒場の場合，経産魚を用いているにもかかわらず40～70％の個体からしか採卵できていない．

第3は，卵が小型でしかも大きさにばらつきが多い点で，ふ化管理がやや繁雑となる．

第4は，雄魚の死亡率が高い点である．同様な事象はヤマメにおいても指摘されている[16)]．

現在までのところこれらの原因は不詳であるが，一旦採卵後再び採卵可能となるまでの期間が短かい場合ほど劣性が著しいようである．

1･3　在来マス類における試験例

わが国においては，ニジマス以外のマス類についても採卵時期変更の可能性が検討されている．例えば，埼玉水試ではヤマメを8月以降16時間明期で飼育し，3～5月に自然日長へ戻すことにより採卵・採精作業を遅らせることに成功している[17)]．筆者らはヤマメ1年魚を2月末から2か月間24間時間明期で飼育し，その後6時間明期としたところ，6～8月に排卵・排精個体を認めた（図7･4）．また，ヤマメやアマゴ2年魚では成熟した雄魚の死亡率が高い．そのため，採卵盛期に雄魚が不足し，受精作業に円滑さを欠くことがある．そこで完熟直前の雄魚の一部を長日下へ移し，成熟を遅らせる方法が採られている[25]．

1・4 日長変更に伴う内分泌現象の変化

日長変更によって成熟を促進させた場合，内分泌現象がどのような変化を示

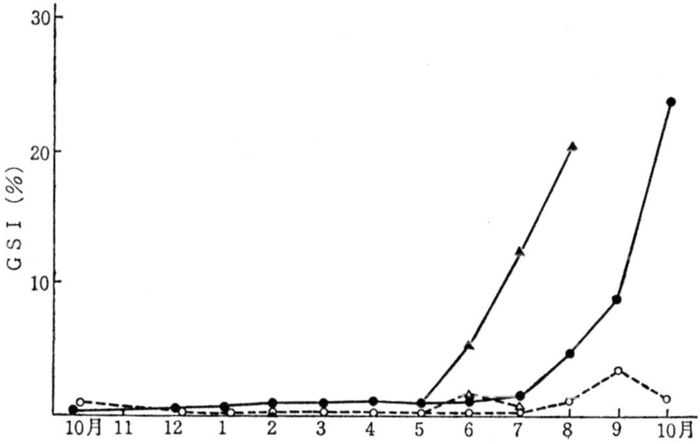

図 7・4 ヤマメの生殖周期．2月から4月まで24時間明，以降6時間明で飼育した場合雌(▲)，雄(△)とも対照魚（●，○）に比較して成熟が促進し，6～8には排卵・排精をみた(原因)．

すかについては，最近主としてニジマスを対象として調べられている．そしてこれまでに得られた結果は，自然日長下において生じる変動傾向と基本的に一致していることを示している．そこでまず自然日長下における変動傾向の概要をみてみると，血中の生殖腺刺激ホルモン（GTH）量は，雌魚では卵黄蓄積のはじまる直前に一過性に増加し[26]，その後の活発な卵黄蓄積過程において一旦低い値を示すものの，排卵時には再び急増する[26~28]．一方，血中のエストロゲン，特にエストラジオール17βは，卵黄蓄積過程において次第に増加し[29]，同過程の完了時には減少している[26,28,30]．そしてエストロゲン濃度の高い時期には血清中のカルシウム[31]やリンタンパク[32]濃度が上昇している．これらの現象は，生殖周期のはじめにおいて脳下垂体から一過性に多量のGTHが分泌され，これが引金となって性ステロイドの性中枢へのポジゲィブフィードバック機構が作動し，以後の脳下垂体からのGTH分泌が活発になることを示唆している．そしてGTHは卵巣におけるエストロゲンの合成を促し，それによって

肝臓における卵黄前駆物質の形成が促されると考えられている[32]．一方，卵黄蓄積完了頃になるとネガティブフィードバックがかかるため，エストロゲン分泌量が減少し，脳下垂体からは再び多量の GTH が分泌され，排卵が誘起されるものと推測される．この際，排卵時にプロゲステロンが分泌され，排卵機序に直接的係わりを有しているであろうとの考えもある[33]．また，脳下垂体からの GTH 分泌は日周期性を示すとの観察結果も報告されているが[34]，ここでは詳細な点は触れない．

雄魚に関しては，精子形成の開始期に一致する一過性の血中 GTH 増加現象が認められており，その後同過程が活発になるにつれて脳下垂体中および血中には GTH が多量に存在する[26]．この現象は，精子形成の開始および進行が

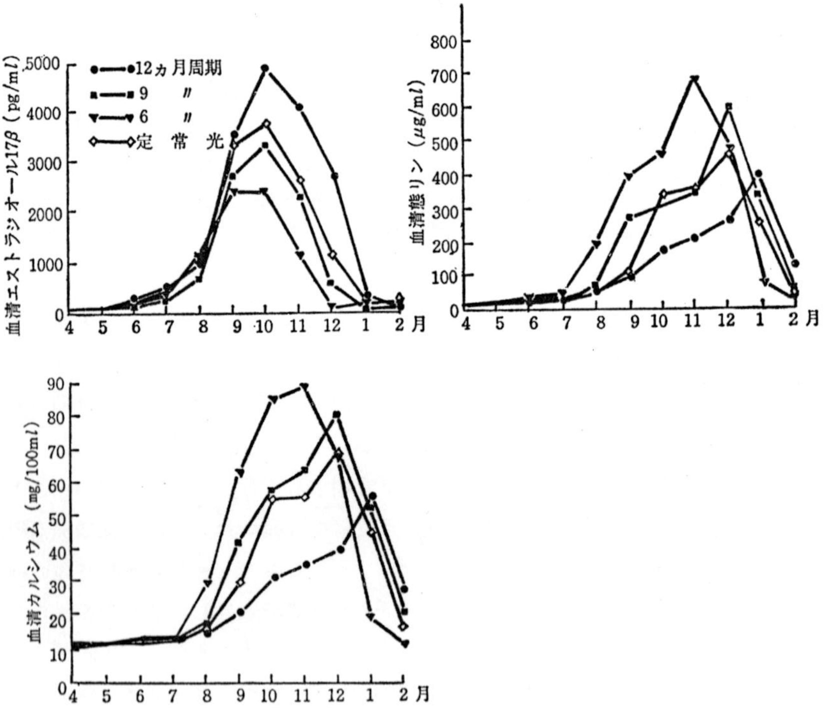

図 7·5　ニジマスの生殖周期を短縮した場合の血中エストロゲン，リン，カルシウム濃度の変化[11]

GTHの支配下におかれていることを示している．ただし，GTHは直接生殖細胞へ作用するのではなく，まず間質細胞へ働きかけてアンドロゲンの分泌を促し，その作用によって精子形成が進行するものと考えられている．これは，ニジマス未成熟魚にテストステロンを投与したところ精子形成が促されたこと[35]や，排精時に11-ケトテストステロンが著明に増加している事実[31,36]にもとづいている．

ところで，雌ニジマスに9か月間あるいは6か月間で1年分の日長周期を経験させると，産卵開始がそれぞれ6ないし12週間早まる[37]．そして，血液中のエストラジオール17βやカルシウム，リンタンパクなどの濃度は，この場合自然日長下において認められたと同様のパターンで変化している[11,37,38]（図7·5）．また，雄魚を長日（16L）から短日（8L）へ移して飼育すると成熟が促されるが，この場合も自然日長下でみられたと同様の血中GTH量の変化が認められている[26]．

このように，日長変更によって成熟を促進し得た場合，その内分泌現象の変動傾向は自然日長下でのそれと基本的に一致している．しかし，先にものべたに，日長変更を施した場合の群成熟率や卵質は自然日長下でのそれと必らずようしも同様とはみなせない．このことは，日長変更に伴う内分泌系の機能変動が自然日長下でのそれと全く同等でない可能性を示しており，この点についてはさらに検討する必要がある．

§2. 水　温

ニジマスの成熟におよぼす水温の影響に関してはあまり検討されていない．野村[6]は，埼玉水試熊谷支場における採卵時期と8月から3月までの水温変動を比較検討し，8月から11月までの水温が14～19°Cと低い年には採卵が早く始まり（12月中旬～1月初旬），18～22°Cと高い年には遅い（1月下旬～2月初旬）傾向を見いだした．そして，低水温で飼育後採卵期直前になって17～18°Cと高めの水温へ移した場合には採卵成績が不良であった事例や，15.5°C以上で飼育した場合には卵巣は発育したものの採卵し得なかった事例，17.5°Cでは6～7年間飼育したにもかかわらず採卵できなかった事例などを紹介し，ニジマス親魚養成に適した水温は12～13°Cから4～5°Cの範囲であると結論している．

ところで，HENDERSON[20] は，自然日長におけるカワマスの成熟進行は水温の影響を受けないが，日長変更した場合には影響されるようだとのべ，具体的事実として短日下における卵母細胞の卵黄蓄積が，16°C の場合に比較すると 8.5°C では 2 か月余も早く始まることを報告している．また BRETON and BILLARD[10] は，ニジマス雄魚の精子形成は短日状態で促進されるが，8°C よりも 16°C において一層顕著であったとのべている．

このように，冷水性魚種であるサケ・マスにおいても水温が成熟に影響を与え，しかも日長効果の表われ方にも関連している．今後，成熟の人為統御を図る上では両要因の関連性を十分に理解しておくことも検討課題の一つとなろう．

§3. まとめ

以上，環境調節によるサケ・マス類の成熟制御技法ならびにその生理学的背景の一端について紹介した．今日までの，サケ・マス類を対象としたこの方面の研究は比較的豊富であり，実用上の効用も大きい．しかし，計画生産を一層確実なものとするためには，解明しておくべき点がいくつか残されている．日長変更のパターンや開始時期，変更時期，有効照度などはその例であり，日長と水温の相互関係も明確に把握しておかなくてはならない．また生殖周期を変更させた場合に妊性低下傾向が生じる点も主要な問題点の一つである．これらの諸点の解明を図るには，自然条件下における成熟生理系の動的変化を把握し，変更日長下での様相と照合するなど，基礎的立場からの検討が必要であろう．

最後に，環境調節の目的が周年採卵を可能としたい点にある以上，他の有効な技法と組合せることは有益であろう．例えばホルモン物質の利用によって，採卵・採精時期を集中させる試みや，育種学的手法を駆使して排卵や排精盛期の異なる系統を確立し，それぞれの成熟を環境調節によってコントロールすることは，生産体系のシステム化を図る上で試みて価値ある手段であろう．

参考文献

1) E. E HOOVER ; Experimental modification of the sexual cycle in trout by

control of light. *Science*, **86**, 425〜426 (1937).

2) T. P. HAZARD and R. E. EDDY: Modification of the sexual cycle in brook trout (*Salvelinus fontinalis*) by control of light. *Trans. Am. Fish. Soc.*, **80**, 158〜162 (1950).

3) L. N. ALLISON: Delay of spawning in eastern brook trout by means of artificially prolonged light intervals. *Prog. Fish-Cult.*, **13**, 111〜116 (1951).

4) O. R. KINGSBURY: Early spawning of brown trout by light control. Cited in "The physiology of the pituitary gland of fishes" (ed. by G. E. PICKFORD and J. W. ATZ). 1957. p. 231, 264, 472.

5) D. W. MACQUARRIE, J. R. MARKERT, and W. E. VANSTONE: Photoperiod induced off-season spawning of who salmon (*Oncorhynchus kisutch*). *Ann. Biol. anim. Bioch. Biophys.*, **18**, 1051〜1058 (1978).

6) 野村　稔：ニジマスの人工採卵に関する基礎研究-Ⅲ. 光周期の変化による採卵の早期化. 日水誌, **28**, 1070〜1076 (1962).

7) Y. SHIRAISHI and Y. FUKUDA: The relation between the day length and the maturation in four species of salmonid fish. 淡水研報, **16**, 103〜111 (1966).

8) K. GORYCZKO: A change of the spawning season in rainbow trout (*Salmo gairdneri*) *Nauk Polmiczych*, **94**, 1-1-1, 57〜68 (1972).

9) K. BIENIARZ: Effect of light and darkness on incubation of eggs, length, weight and sexual maturity of sea trout (*Salmo trutta* L.), brook trout (*Salmo trutta fario* L.) and rainbow trout (*Salmo irideus* GIBBONS). *Aquaculture*, **2**, 299〜315 (1973).

10) B. BRETON and R. BILLARD: Effects of photoperiod and temperature on plasma gonadotropin and spermatogenesis in the rainbow trout *Salmo gairdnerii* Richardson. *Ann. Biol. anim. Bioch. Biophys.*, **17**, 331〜340 (1977).

11) C. WHITEHEAD, N. R. BROMAGE, J. R. M. FOSTER, and A. J. MATTY: The effects of alterations in photoperiod on ovarian development and spawning time in the rainbow trout (*Salmo gairdneri*). *Anm. Biol. anim Bioch. Biophys*, **18**, 1035〜1043 (1978).

12) B. D. COMBO, R. E. BURROWS, and R. G. BIGEJ; The effect of controlled light on the maturation of adult blueback salmon. *Prog. Fish-Cult.*, **21**, 63〜93 (1959).

13) D. W. MAC QUARRIE, W. E. VANSTONE, and J. R. MARKERT: Photoperiod induced off-season spawning of pink salmon (*Oncorhynchus gorbuscha*). *Aquaculture*, **18**, 289〜302 (1979).

14) H. LUNDQUIST: Influence of photoperiod on growth in Baltic salmon parr (*Salmo salar* L.) with special reference to the effect of precocious sexual maturation. *Can. J. Zool.*, **58**, 940〜944 (1980).

15) L. O. ERIKSSON and H. LUNDQUIST: photoperiod entrains ripening by its differential effect in salmon. *Naturwissenschaften*, **67**, S. 202, 4〜7 (1980).

16) 鈴木　栄・大渡　斉; 電照によるヤマメ1年魚の産卵期遅延について. 埼玉水試研報, **33**, 25〜36 (1975).

17) 野村　稔; 魚類の成熟・産卵と外部環境要因. 水産増殖, **12**, 159〜196 (1964).

18) E. E. HOOVER and H. E. HUBBARD: Modification of the sexual cycle in trout by control of light. *Copeia*, **1937(4)**, 206〜210 (1937).

19) B. W. CORSON: Four years' progress in the use of artificially controlled light to induce early spawning of brook trout. *Prog. Fish-Cult.*, **17**, 99〜102 (1955).

20) N. E. HENDERSON : Influence of light and temperature on the reproductive cycle of the eastern brook trout, *Salvelinus fontinalis* (MITCHILL). *J. Fish. Res. Bd. Canada*, **20**, 859〜897 (1963).

21) R. BILLARD, P. REINAUD, and P. LEBRENN ; Effects of decreasing and a skeleton photoperiod on gametogenesis in the rainbow trout. *Reprod. Nute. Deevelop.* (in press).

22) C. WHITEHEAD and N. R. BROMAGE : Effects of constant long-and short-day photoperiods on the reproductive physiology and spawning of the rainbow trout. *J. Endocr.*, **87**, 6〜7 (1980).

23) A. R. CARLSON and J. G. HALE ; Early maturation of brook trout in the laboratory. *Prog. Fish-Cult.*, **35**, 150〜153 (1973).

24) 杉原順郎：光処理飼育によるニジマス夏卵生産技術．養殖，昭55，No. **10**，89〜96 (1980).

25) 昭和44年度在来マス類増殖研究報告書：水産庁，1969，pp. 19〜21.

26) R. BILLARD, B. BRETON, A. FOSTIER, B. JALOBERT, and C. WEIL : Endocrine control of the teleost reproductive cycle and its relation to extornal factors : salmonid and cyprinid models. In "Comparative Endocrinology" (ed. by P. J. GAILLERD and H. H. BOER), Elsevier, Amsterdam, 1978, pp. 37〜47.

27) L. W. CRIM, E. G. WATTS, and D. M. EVANS : The plasma gonadotropin profile during sexual maturation in a variety of salmonid fishes. *Gen. Comp. Endocrinol.*, **27**, 62〜70 (1975).

28) A. FOSTIER, C. WEIL, M. TERQUI, B. BRETON, and B. JALABERT : Plasma estradiol-17β and gonadotropin during ovulation in rainbow trout (*Salmo gairdneri* R.), *Ann. Biol. anim. Bioch. Biophys.*, **18**, 929〜936 (1978).

29) J. G. D. LAMBERT, G. I. C. G. M. BOSMAN, R. VAN Den HURK, and P. G. W. J. VAN OORDT : Annual cycle of plasma oestradiol-17β in the female trout *Salma gairdneri*. *Ann. Bial. Anim Bioche Biophys* **18**, 923〜927 (1978).

30) D. R. IDLER and C. M. CAMPBELL : Gonadotropin stimulation of estrogen and yolk precursor synthesis in juvenile rainbow trout. *Gen. Comp. Endocrinol.*, **41**, 384〜391 (1980).

31) A. P. SCOTT, V. J. BYE, S. M. BAYNES, and J. R. C. SPRINGER : Seasonal variations in plasma concentrations of 11-ketotestosterone and testosterone in male rainbow trout (*Salmo gairdnerii* Richardson). *J. Fish Biol.*, **17**, 495〜505 (1980).

32) C. WHITEHEAD, M. R. BROMAGE, and J. R. M. FOSTES : Seasonal changes in reproductire function of the rainbow trout (*Salmo gairdneri*). *J. Fish Biol.*, **12**, 601〜608 (1978).

33) C. M. CAMPBELL, A. FOSTIRE, B. JALABERT, and B. TRUSCOTT ; Identification and quantification of steroids in the serum of rainbow trout during spermiation and oocyte mauration. *J. Endocr.*, **85**, 371〜378 (1980).

34) Y. ZOHAR : Dorsal aorta catheterization in rainbow trout (*Salmo gairdneri*)- I . Its validity in the study of blood gonadotropin patterns. *Reprod. Nèutr. Dévelop.*, **20**, 1811〜1823 (1980).

35) F. YAMAZAKI : Effects of methyltestosterone on the skin and the gonad of salmonids. *Gen. Comp Endocrinol.*, Suppl., **3**, 741〜750 (1972).

36) M. SANCHEZ-RODRIGUEZ, A. M. ESCAFFIRE, S. MARLOT, and P. REINAUD : The Spermiation period in the rainbow trout (*Salmo gairdneri*). Plasma

gonadotropin and androgen levels, sperm production and biochemical changes in the seminal fluid. *Ann. Biol. anim. Biochim. Bioph.*, **18**, 943～948 (1978).

37) C. Whitehead, N. R. Bromage, B. Breton, and R. Billard : Effects of altered photoperiod on serum gonadotropin levels and spawning in female rainbow trout. *J. Endocrinol.*, **79**, 28～29 (1978).

38) C. Whitehead, N. R. Bromage, R. Harbin, and A. J. Matty : Oestradiol-17β, calcium, and vitellogenin interrelationships during accelerated and biannual spawnings in the rainbow trout. *Gen. Comp. Endocrinol.*, **40**, 329～330 (1980).

8. アユ

伏 木 省 三*

アユ *Plecoglossus altivelis* の成熟・産卵を光周期により，人為的に統御する研究は，1960年代から70年代にかけて本格的に進められた.

これらの研究から，アユは秋期に産卵するニジマス *Salmo gairdneri irideus*[1,2] やカワマス *Salvelinus fontinalis*[3] と同様，日長を早期に短縮することにより成熟は促進され，また逆に日長を延長させることにより抑制される[4] ことを実証するとともに，成熟に影響を及ぼす諸要因[5,6] や，脳下垂体の成熟への関与[7]，内因性の日周リズムの有無[8] などの基礎的・理論的問題も明らかにされた.

これらの研究業績は多くの総説[9,10] にも引用されており，また1974年４月の水産学会で“種苗生産における親魚と採卵に関する諸問題”と題するシンポジウムが開催され，ここでも詳細な話題提供が行われた[11]ので，上記技法に関する記述は割愛することにしたい.

現在，アユの成熟促進には，池全面を遮蔽し，日長の早期短縮化を図る shade culture が，また逆の成熟抑制には，夜間電灯照射による長日処理が採用されているが，筆者はアユ幼魚を春季に約１月間長日処理を施した後，自然日長に戻す方法で顕著に成熟を促進させ得ることを明らかにした[12]．この場合の生殖腺発達は自然日長切り替え直後から開始され，自然日長では全く成熟しない夏至を中心とした時期でも成熟は顕著に進み，約1.5月早期に成熟・産卵させることが可能である.

この新成熟促進技法は従来の shade culture にくらべ，施設費，施設管理や労力などの面で有利であり，しかも同じ施設を利用して従来からの方法で，成熟抑制もできる利用価値の高い技法であるので，ここでは本技法の長日処理に当る春季の光周期が成熟を誘起する現象の解明ならびにこれに影響を及ぼす諸要因などについて記載したい.

---

* 滋賀県醒井養鱒場

§1.　春季の長日処理条件と成熟との関連性

図8·1ならびに8·2に示したように，春季に約19.5L＋4.5D（19.5時間明，4.5時間暗）の日長で，長日処理期間を35日間，28日間，21日間，14日間，7日間とした区と，長日処理期間を35日間として，その間19.5L＋4.5D, 18.5L＋5.5D, 17.0L＋7.0D, 16.0L＋8.0Dの日長で，それぞれ長日処理した区を設定し，後自然日長に戻し成熟を促進させ，各区の成熟状況から長日処理条件と成熟との関連性について検討した．

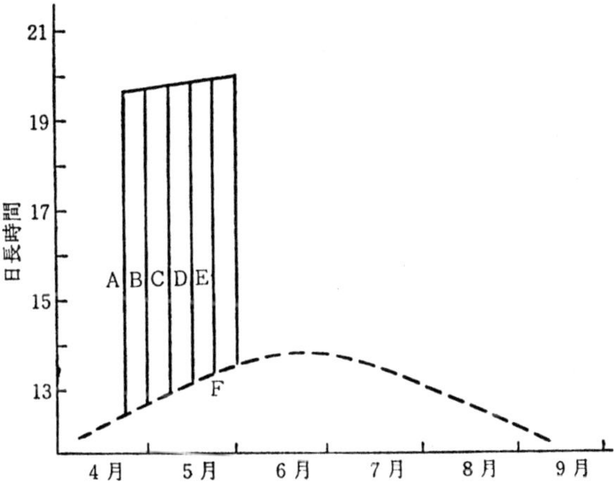

図 8·1　春季における長日処理期間と成熟との関連性についての実験区．各実験区の長日処理期間はA区35日間，B区28日間，C区21日間，D区14日間，E区7日間，F区自然日長．

両区の成熟状況を図8·3, 8·4に示した．成熟開始時期ならびに成熟速度は．長日処理条件の如何によって大きく左右され，長日処理期間が長く，また同一期間長日処理しても日長が長いと，成熟は自然日長切り替え直後から開始され，またその後の成熟も早いが，逆に長日処理が短かく，また同一期間長日処理

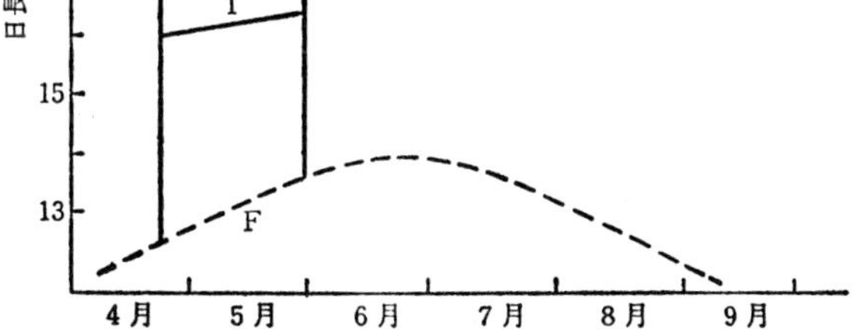

図 8·2　春季における長日処理時間と成熟との関運についての実験区．長日処理時間はA区19.5L＋4.5D，G区18.5L＋5.5D，H区17.0L＋7.0D，I区16.0L＋8.0D，F区自然日長区．

しても日長が短かいと，成熟開始時期は遅れ，その後の成熟も遅い．

今この両者の関係を見るため，長日処理条件を積算電照時間で，また成熟状

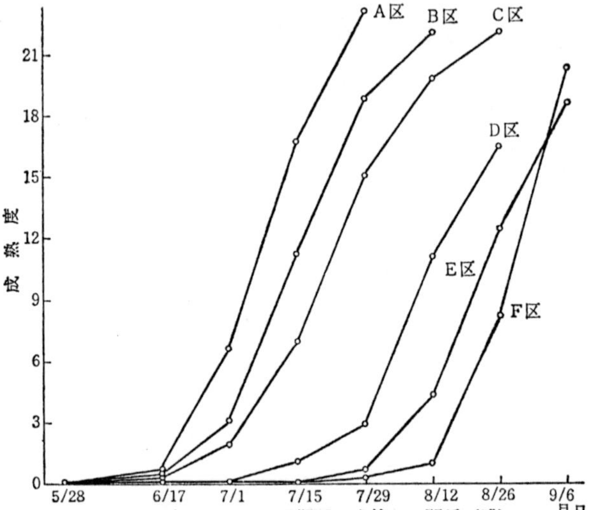

図 8·3　春季の長日処理期間と成熟との関係（雌）

約19.5L＋4.5日の日長でA区35日間，B区28日間，D区14日間，E区７日間長日処理．F区自然日長．成熟度＝生殖腺重量÷体重×100

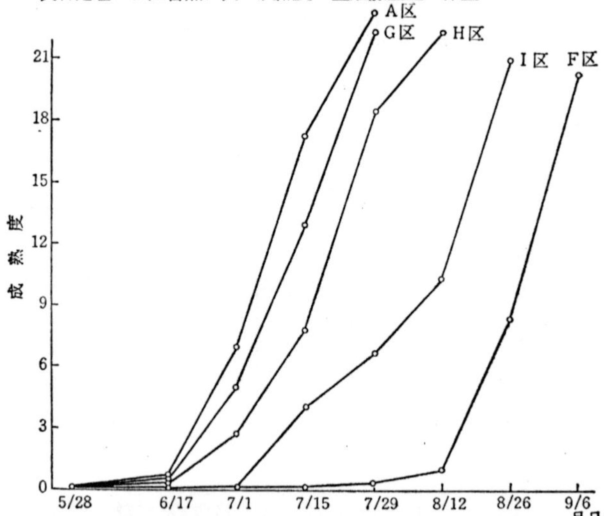

図 8·4　春季の長日処理時間と成熟との関係（雌）

長日処理期間は35日間でその間A区19.5L＋4.5D，G区18.5L＋5.5D，H区17.0L＋7.0D，I区16.0L＋8.0Dで長日処理，F区は自然日長．

況を自然日長に切り替えた時点から完熟(成熟度で雄8，雌20を完熟と仮定)に達した所要日数で表わすと，図8·5に示したように，積算電照時間と成熟との間に相関関係が見られる．このことからアユの成熟は以前に受けた日長履歴によって大きく左右されるといっても差し支えないであろう．なお積算電照時間が同じでも，1日の日長を長くするよりも，その分だけ期間を長くする方が成熟促進効果は高い．

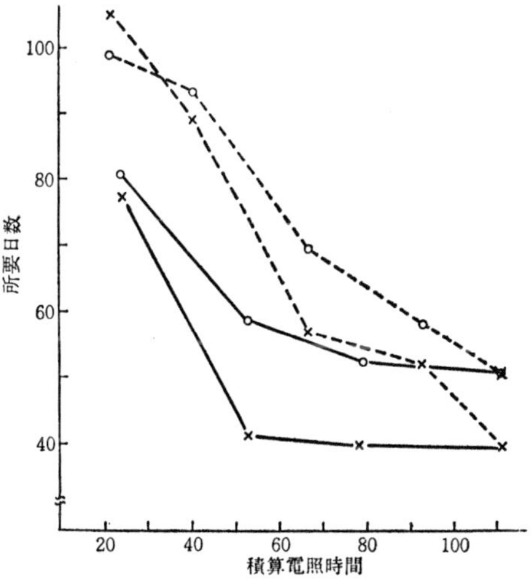

図 8·5　積算電照時間と自然日長切り替え時から完熟までの所要日数との関係．
実線は19.5L＋4.5Dの日長で長日処理期間を変えた場合．破線は35日間長日処理し，その間日長を変えた場合．×雄，○雌．

§2. 臨界日長時間の変動

本成熟促進技法の成熟開始が，単なる日長の急激な短縮化によって引き起されるのか，或いは成熟に関わる臨界日長時間が存在し，これとの関連によって引き起されるのか検討するため，春季と夏季に自然日長から直接各々の日長に移し短日処理した場合と，一旦長日処理した後にそれぞれの日長に切り替えた場合との成熟を比較した．

移行後の日長が同じでも，自然日長から直接各々の日長に移したものより，一旦長日処理したものの方が，成熟は顕著で，生殖腺の発達する最低の日長時間は春季に自然日長から直接各々の日長に移した場合には11.5～13時間の間に存在し，一旦長日処理したものでは14.5時間であった．一方，夏季の実験では，自然日長から直接移行したものでは，15時間であったが，長日処理区では，それよりも0.5～1時間長い15.5～16時間であった．

以上のことからアユの成熟は，単なる日長の急激な短縮化が原因で引き起されるのではなく，成熟に関わる臨界日長時間が存在し，これとの関連によって成熟が開始されるものと考えられる．

魚類の成熟と光周期との関連性において，メダカ *Oryzias latipes*[13] のように日長の増減変化に左右されず，一定の日長時間との関連により，成熟が引き起される魚種もあれば，トゲウオ *Gasterosteus aculeatus*[14] のように生殖腺の発達する臨界日長時間は，年周変化を示し，自然日長の変化とかなり相関する魚種もある．アユの場合，両者の関連性は前者に属する[4] といわれていたが，本実験の結果，この臨界日長時間は一定の値を示すものでなく，季節的に変動するとともに，長日処理は更にこの値を上昇させる効果のあることが判明した．なお成熟速度の早遅は，臨界日長時間とその時点の日長との時間差に大きく影響される．

§3. 成熟に影響を及ぼす諸要因

3·1 水 温

長日処理期間中のみ異なる水温で飼育し，この期間中の水温がその後の成熟にどのように影響するか検討した．

長日処理期間中の水温の生殖腺発達への影響は，同期間中は全く現われず，自然日長切り替え後の初期の成熟段階において，成熟の早遅という型で現われ，その後は同様の速度で成熟した．なおこの場合，水温よりも長日処理期間の方が，生殖腺発達に対して決定的な影響を及ぼした．

本実験に供したアユ幼魚の卵巣卵は，大きさ 0.02 mm で，卵内には卵黄物質の蓄積が見られない第1次成長期（染色仁期）の未熟な状態のものであった．卵巣卵がこのような未熟な状態の時でも，光周刺激に対して強く反応していることは極めて興味深い．

また卵巣卵の大きさや組織像は長日処理期間や水温を変えても，長日処理期間中は殆ど変わらず，処理以降に有意差となって現われた．このことから長日刺激や水温は速効的に直接生殖腺の発達に作用するのではなく，実態は明らかではないが，後に起こる生殖腺成熟に効果する生理的作用に何らかの影響を与え，自然日長に戻した以降に，効力を発揮されるものと考えられる．

3·2 照 度

アユ幼魚をそれぞれの照度で一貫して飼育し，その間長日ならびに短日処理した場合と，長日処理期間中は自然光で不足時間のみ異ねる照度の人工光で，照射した場合との照度の成熟への影響について検討した．前者の実験では平均照度 0.7 lux の低い照度でも成熟に有効であり，0.7〜16.5 lux の照度範囲では，照度と成熟促進効果との間に正の相関が見られ，それ以上の照度になると成熟は顕著であるが成熟に差が見られない．また後者では3.7 luxではじめて成熟促進効果が見られ3.7〜34.0 luxの照度範囲では照度と成熟とは相関し，それ以上の照度では成熟促進効果に差は見られなくなった．

このように両実験の結果に差が見られたことから，生息環境の違いにより照度の成熟に対する影響力はかなり変化するものと考えられる．

§4. アユ幼魚の発育段階による光周反応の差異

体重0.5 g以下のシラス型後期仔魚から，5 g前後の遡河期の稚魚にいたる各種発育段階のアユ幼魚を同一条件で長日処理し，体型別に成熟状況を調査し，発育段階による光周反応の差異について検討した．この場合の成熟は極めてばらつきが大きく，体型と成熟との間に相関が見られ，小型魚ほど成熟が遅れた．したがってできるだけ成熟にばらつきを少なくし，集中的に産卵させるためには，長日処理を行うアユ幼魚は，同じ発育段階のものに揃えるべきであろう．

このように同一条件で長日処理しても，小型魚ほど成熟が遅れたのは，発育段階の低いアユ幼魚には，光受容器から生殖腺にいたる各種の生理機構がいまだ不充分なため，光に反応しない不応期（refractory period）が存在するためであろう．本実験の成熟状況と長日処理期間中のアユ幼魚の発育状況から判断すれば，シラス仔魚後期までが，この不応相に当たのではないかと考えられる．

§5. 成熟促進親魚から得られた卵の卵質

30日間長日処理を施し，成熟促進させたアユ親魚の抱卵数（E_N）と，魚体重（B_W）ならびに体長（B_L）との関係は，それぞれ $E_N=1354B_W+1.118$，$E_N=1.863B_L^{4064}$ の式で表わされ，自然日長飼育親魚のそれは $E_N=1056B_W+550$，$E_N=2.523B_L^{3778}$ となり，抱卵数は前者の親魚の方が多い．その反面成熟促進親魚から得られた卵やふ化仔魚の大きさは，自然日長で成熟させたものにくらべ小さかった．これと同様の関係は，成熟促進のニジマス[2]やカワマス[15]にも見られる．

上記2種のアユ親魚から得られた卵ならびにふ化仔魚を，ふ化ならびにその後の生残が良好なものを良質卵と考え，その特性を比較したのが表8·1である．

表 8·1　成熟促進親魚卵の生物学特性[16]

調査項目	成熟促進親魚 (A)		自然成熟親魚 (N)		比較
卵径 (mm)	0.776～0.828 (0.801)		0.887～0.965 (0.921)		A＜N
発眼率 (%)	51.0～96.0 (81.5)		75.5～96.9 (87.3)		A≒N
ふ化率 (%)	5.5～84.5 (65.0)		73.9～96.9 (86.7)		A＜N
ふ化直後のへい死率 (%)	2.3～41.4 (12.2)		0.0～6.5 (0.9)		A＞N
奇型魚発生率 (%)	0.01～32.14 (4.19)		0.0～5.10 (0.87)		A≒N
ふ化仔魚全長 (mm)	4.52～5.40 (5.12)		4.66～6.19 (5.52)		A＜N
ふ化仔魚体重 (mg)	0.20～0.36 (0.28)		0.25～0.54 (0.38)		A＜N
生残率 (%)	淡水	汽水	淡水	汽水	A＜N
1日目	100.0	100.0	100.0	100.0	
5日目	98.5	99.5	99.0	100.0	
7日目	55.0	65.0	65.0	93.0	
9日目	5.5	19.5	10.5	36.5	
10日目	0.0	5.5	4.0	18.0	
12日目		1.5	0.0	5.0	
13日目		0.0		0.5	

(　) 内平均値成熟促進親魚11ロット，自然成熟親魚は15ロット調査．

発眼率ならびに奇型魚の発生率では，両親魚間では差は見られないものの，ふ化率やふ化直後の仔魚のへい死率において差が見られ，成熟促進親魚から得られた卵がやや劣る成績であった．

一方，ふ化仔魚の活力を淡水ならびに人工汽水（Allen 処方 Cl 2％）で，無給餌のもとで飼育し，その生残状況で比較した．仔魚の生残の一般的傾向としては，いずれもふ化後5日目までは100％近い生残率で推移した後，急激なへい死が見られ，ふ化後10日から13日目までに全数がへい死したが，人工汽水飼育は淡水飼育よりも延命効果が見られた．成熟促進親魚に由来する仔魚の方が，自然成熟のものにくらべ生残状況はやや劣る成績であったが，その差を半数生残日数で見ると，汽水飼育では1日，また淡水飼育では0.3日とわずかな差であった[16]．

§6. 光受容器

20日間の長日処理期間中少なくとも，1週間頭部にゴム板を装着したアユと，無装着のアユの成熟を比較したのが図8·6である．

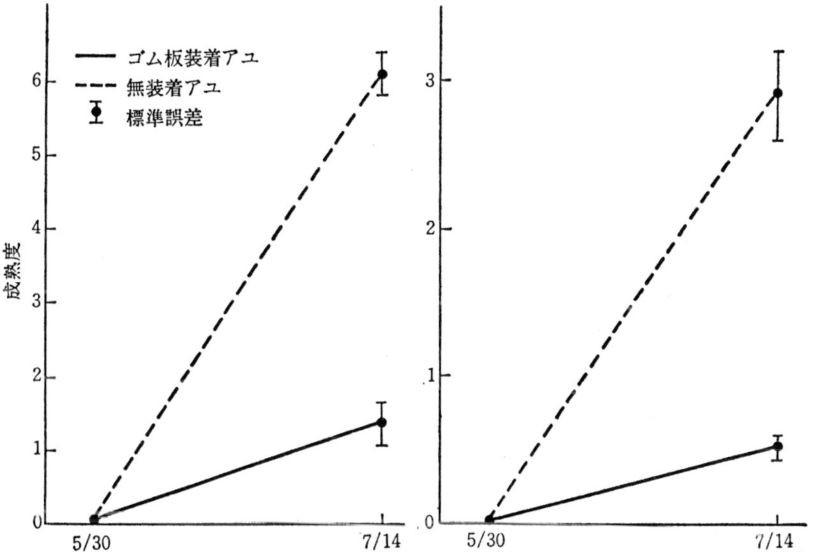

図 8·6　20日間の長日処理期間中少なくとも1週間頭部にゴム板を装着したアユと無装着のアユの成熟比較（左図：雌，右図：雄）

頭部にゴム板装着のアユの成熟は，無装着のアユのそれにくらべ遅れ，成熟に有意差（雌雄とも $p<0.01$）が見られた．

更に春季に上生体を摘出したアユと，無摘出のアユとを，長日処理により成熟促進させた場合と，自然日長で飼育した場合とで，上生体摘出の成熟への影響について調べた（表8·2）．

いずれの場合でも，上生体摘出の成熟への影響は，成熟の遅れという型で現われ，無摘出魚の成熟との間に有意差（雄 $P<0.05$，雌 $P<0.01$）が見られた．

魚類の生殖腺発達に対する光受容器としては，眼球の他に上生体，視床下部の2者が想定されている．このうち上生体が光受容器として機能していることは，電顕的観察や電気生理学的研究などにより確かめられているが，上生体摘出の成熟への影響については，メダカ[17]やキンギョ[18] *Carassius auratus* などの極く少数の魚種で検討さされているに過ぎず，その結果も成熟に上生体摘出の影響が見られた場合もあり，また逆の結果もあって，今後更に検討を要する問題とされている[10]

表 8·2　上生体摘出の成熟への影響*

実験区	調査月日	性	上生体摘出の有無	測定尾数	平均成熟度	標準誤差	有意差検定
成熟促進区	7月10日	雄	上生体摘出魚	10	2.47	0.355	
			正常魚	8	3.60	0.322	
		雌	上生体摘出魚	7	1.55	0.249	
			正常魚	7	2.33	0.309	
	7月24日	雄	上生体摘出魚	24	7.44	0.407	P<0.05
			正常魚	17	8.70	0.179	
		雌	上生体摘出魚	26	7.13	0.577	P<0.01
			正常魚	10	13.57	0.413	
自然日長区	8月21日	雄	上生体摘出魚	25	3.51	0.414	P<0.05
			正常魚	16	6.06	0.486	
	8月30日	雌	上生体摘出魚	17	2.09	0.374	P<0.01
			正常魚	10	9.31	0.567	

上生体摘出は5月13日に実施
成熟促進区は19.5L＋4.5Dの日長で5月15日より30日間長日処理

アユの場合，上生体が成熟に関わる光受容器として機能していることが，本実験の結果から示唆されたことは極めて興味深い．

卵巣卵が完熟に達すると，排卵されて産卵が行われるが，この排卵は複雑な内分泌機構に支配されている[19] 水槽で養成した親魚が完熟すると，水温18°C前後，流速50 cm/sec，水深20 cm，小型礫を敷いた人工河川に移すと，その直後から産卵が始まり，短期間で産卵は終了する[12]が，そのまま水槽で養成を続けると，かなりの期間経過しないと産卵が始まらない[16] これは水温，流速，水深，河床状態などの外部環境要因が排卵に対し強く作用しているためである．このことは現在行われているホルモン剤による排卵促進[20]の他に，キンギョの周年採卵法[21]のように，上記外部環境要因を人為的に調節することにより，或る程度の期間排卵を制御できる可能性のあることを示唆するものといえ

* 未発表

よう．しかしながらこれに関連する問題については，雌雄隔離法による採卵時期の調整[22]以外に見るべき業績もなく，今後の検討に待つべき点が多い．

参 考 文 献

1) E. E. HOOVER : Experimental modification of the sexual cycle in trout by control of light. *Science*, **86**, 425～426 (1937).

2) 野村　稔・植松善次郎：ニジマスの人工採卵に関する基礎研究—Ⅲ．光周期の変化による採卵の早期化．日水誌，**28**，1070～1076（1963).

3) T. P. HAZARD and R. E. EDDY: Modification of the sexual cycle in brook trout by control of light. *Trans. Amer. Fish. Soc.*, **80**, 158～162 (1951).

4) 白石芳一・武田達也：アユの成熟に及ぼす光周期の影響．淡水区水研報告，**15**，69～81（1961).

5) 白石芳一：アユの成熟に及ぼす光周期の影響．第3報　照射光の限界照度について．淡水区水研報告，**15**，69～76（1965).

6) 羽生　功・鈴木敬二他：色光照射によるアユの成熟抑制．昭和46年日本水産学会春季大会講演要旨，**238**，28（1971).

7) 鈴木敬二・日比谷　京：アユの成熟に関する光の効果—Ⅰ．下垂体の関与．昭和41年度日本水産学会春季大会講演要旨．**209**，19（1966).

8) 鈴木敬二・日比谷　京：アユの成熟に関する光の効果—Ⅵ．日周期性と光の抑制力．昭和48年日本水産学会春季大会講演要旨．**259**，73（1973).

9) 野村　稔：魚類の成熟・産卵と外部環境要因．水産増殖，**12**(3)，159～196（1964).

10) 平野哲也：環境と魚類，両生類，爬虫類の生殖腺．環境と内分泌（日本動物学会編）東京大学出版会，113～136（1974).

11) 吉岡　寛：環境と成熟・産卵，淡水魚，魚類の成熟と産卵（日本水産学会編）恒星社厚生閣 55～65（1974).

12) 伏木省三：アユの成熟への春季長日処理の効果に関する研究．滋賀水試報告．**31**，1～56（1979).

13) H. YOSHIOKA : On the effects of environmental factors upon the reproduction of fishes. 2. Effects of short and long day-length on *Oryzias latipes* during spawning season. *Bull. Fac. Fish. Hokkaido Univ.*, **14**, 137～151 (1963).

14) B. BAGGERMAN : Photoperiodic responses in the sticklebacks and their control by a daily rhythm of photosensitivity. *Gen. Comp. Endocrinol. Suppl.*, **3**, 466～476 (1972).

15) N. E. HENDERSON : Influence of light and temperature on the reproductive cycle of trout. *Salvelinus fontinalis* (MITCHILL). J. FISH. *Res. Bd. Canada*, **20**(4), 859～897 (1972).

16) 伏木省三・前川敏治・岩井寿夫：アユの成熟に対する春季長日処理の効果に関する研究．成熟促進親魚，自然日長飼育親魚から得られた卵ならびにふ化仔魚の特性比較．滋賀水試報告，**34**，83～93（1981).

17) H. URASAKI : Role of the pineal gland in gonadal development in the fish, *Oryzias latipes Annot. Zool. Japon.*, **45**, 152～158 (1972).

18) J. C. FENWICK : The pineal gland : photoperiodiand reproductive cycles in the goldfish, *Carassius auratus L., J. Endocrinol.*, **46**, 101～111 (1970).

19) 山崎文雄：卵の成熟と排卵の内分泌，魚類の成熟と産卵（日本水産学会編）恒星社厚生閣，41～54（1974).

20) 石田力三：生殖腺刺激ホルモン投与による魚類の成熟および排卵の促進に関する研究，2. アユにおける体重1g当りの適正投与量と成熟に伴う促進効果の変化．淡水研研報．**22**(1)，49～58（1972).

21) 山本喜一郎・長浜嘉孝・山崎文雄：金魚の周年採卵法について，日水誌，32，977～983（1966).
22) 田畑和男・柄多　哲：養成アユの採卵に関する研究，4. 産卵前雌雄隔離法による採卵時期の調整．水産増殖，**29**(2)，125～130（1981).

9.　コイ科魚類

羽　生　　　功*

周知のごとく，多くの魚種はそれぞれ定まった時期に成熟・産卵し，産卵期を中心とする生殖年周期を示す．またこの生殖年周期は，生殖現象の直接的要因である魚体内の内分泌活動が，年周的に変化する水温，光周期などの外的要因から支配的影響を受けるために生ずるものと考えられている．しかし生殖年周期のいろいろな位相において，魚体内外の諸要因が具体的にいかなる役割を演じ，そして生殖活動の規則的な循回変動パターンを成立せしめるのかについての知見はあまり体系化されていない[1~3]．

筆者らは採集・飼育の容易なコイ科のタナゴ類を材料に用い，生殖年周期の経過を詳しく観察するとともに，周期成立の機構を自然条件に即して実験的に解析することを試みた．タナゴ類は産卵期を異にする種を含むので，この種の研究には好都合である．以下，春から夏にかけて産卵するタイリクバラタナゴ，春だけに産卵するアカヒレタビラ，秋に産卵するゼニタナゴの順に，現在までに得られている知見を紹介したい．

§1.　タイリクバラタナゴ（*Rhodeus ocellatus ocellatus*）

1·1　生殖年周期の経過

茨城県新利根川においてほぼ毎月1回採集した材料の中，体長30 mm以上の成魚について行った各種の計測をまとめ，光周期と現場の水温とを合わせて図9·1に示した[4]．雌では，早春の水温上昇期にGSI（生殖腺重量×100/体重）が急増し，卵母細胞における卵黄球の蓄積も進んで，3月末には産卵する個体も現われる．以後，産卵が繰り返されて晩夏にいたるが，9月に入ると水温が未だ十分高いのにGSIは急減し，卵巣組織も退行して卵巣卵は卵黄胞期どまりとなり，9月中旬には産卵期が完了する．

雌の産卵管は卵巣の発達と並行して3月末には1～2 F. U.（F. U.：臀鰭最

* 東京大学農学部

長軟条の長さ）に成長する．排卵が起こると産卵管は3 F. U. 以上に伸張し，産卵が済めば元の長さに短縮する．従って排・産卵が繰り返される産卵期内の標本には，さまざまな産卵管長の雌が含まれる．9月になると産卵管の伸びは

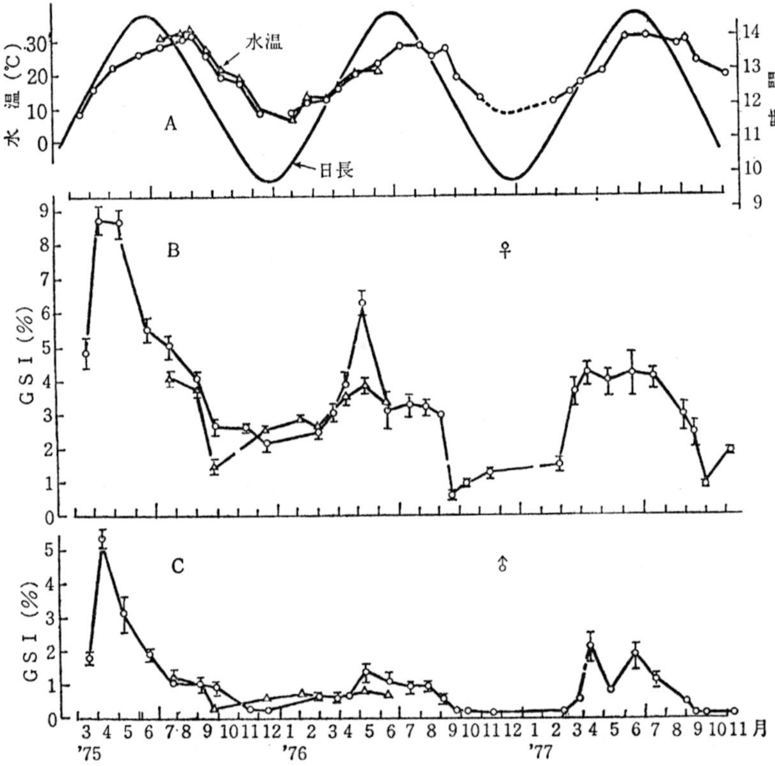

図 9·1　タイリクバラタナゴ雌(B)，雄(C)の GSI および日長，水温(A)の年周変化．
GSI 値は20個体の平均値±標準誤差．
—○—　新利根川，—△—　茅沼．

悪くなる．

雄の GSI は雌より低いが，ほぼ同様の季節的変動を示す．精巣組織像にも，早春の急激な精子形成開始，その後の継続，9月に入っての停止，これに続く精原細胞の増殖，精母細胞の出現など一連の明らかな年周変化が認められる．

1·2 産卵期の開始要因

上述したように，本種における産卵期の開始ならびに終了は速やかに，かつ，斉一的に起こるので，外的要因の関与が強く示唆される．先ず開始要因を調べてみた．

1月中旬に入手した魚を，成熟開始時期の水温，日長の範囲が十分カバーされるよう 10°C の 7L（7L+17D, 以下Dを略す），9L，12L，16L；16°C の 9L, 16L および 22°C の 9L，16L の 8 区に分け，産卵床となる二枚貝を入れた遮蔽水槽の中でイトミミズ，配合飼料を与えて飼育した．飼育 4 週間後, 22°C と 16°C の各区では日長に関わらず雌の GSI が急増し，既に産卵を開始した個体もあったが，10°C 区では GSI の増加も産卵も見られなかった．そこで，水温を 13°C に上げたところ，2～3 週目から各日長区で産卵が始まり，GSI も増加した[5]（図 9·2).

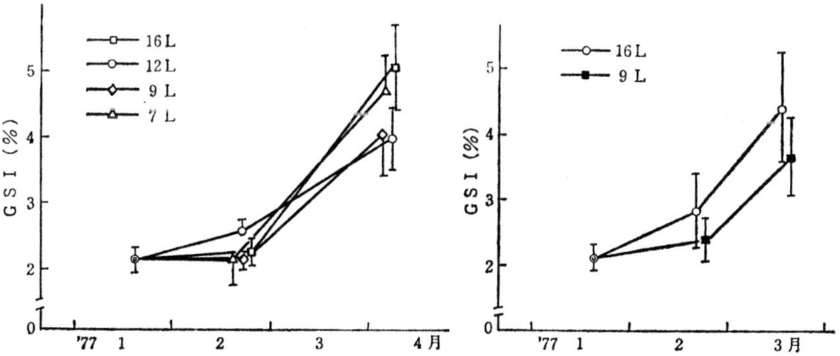

図 9·2 産卵開始期におけるタイリクバラタナゴ雌の GSI に及ぼす日長および水温の影響．
左図，水温 10→13°C（2月末）；右図，水温 16°C 一定．
GSI 値は平均値±標準誤差を示す．説明は本文参照．

従って本種の産卵期は春に水温が 10°C を超えて上昇することで始まり，その際，日長増加は特に促進効果をもたないといえよう．なお，22°C で 4 週間飼育後，その一部を 28°C に移してさらに 8 週間飼うと，この区のみに産卵を停止する個体が現われた．

1·3 産卵期の終了要因

次ぎに産卵期終了直前の 8 月末に魚を採集し，25°C の 15L，14L，13L，12L, 11L の 5 区に分けて38日間飼育した．その結果，15L と 14L の両区では産卵が続き，GSIは維持されたが，13L，12L，11L区では産卵停止，GSIも低下した．そこで12Lを14Lに，11Lを15Lに変えさらに35日間続けて飼ったところ，新規の15L，14L両区で一部産卵する個体が現われ，平均GSIも上昇したのに対し，13L区のGSIは変わらなかった[5]（図9·3左）．雄についても同様の結果が得られた（同図右）．

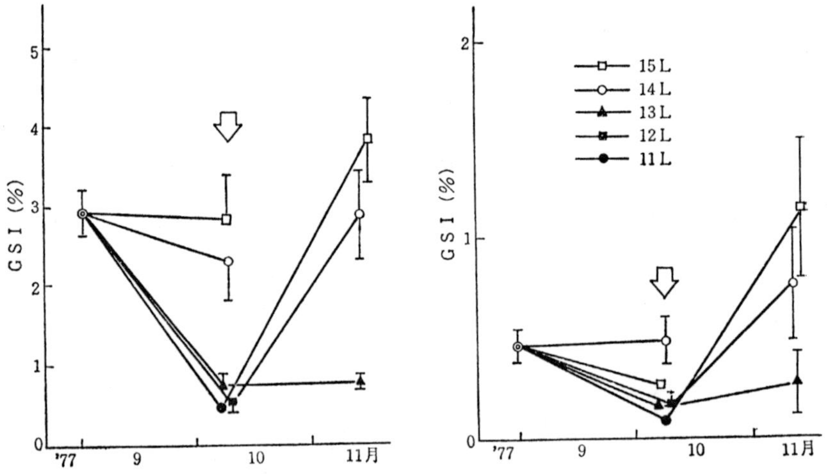

図 9·3　産卵終了期のタイリクバラタナゴGSIに及ぼす日長の影響．
左図，雌；右図，雄．矢印は日長条件の変更時点を示す．GSI値は平均値±標準誤差．
水温は25°Cで一定．説明は本文参照．

以上のことから，この時期には産卵開始期と異なって光周期に対する反応性，すなわち光周性の存在することが分かり，かつ，いわゆる臨界日長は13Lと14Lの間に入ることも明らかになった．また，別の実験で生殖腺活動に対する短日的抑制は，温度が高いほど速やかに起こることが確められ，かくして本種の産卵期終了も一応納得しうる説明が与えられた．

なお，7月末から25°Cの20Lで飼育し9月末に14Lに移すと，多くの個体で産卵が停止し，GSIも減じた．一方，始めは25°Cの7Lで飼い退縮させた魚を9月末に13Lに移すと，再熟して産卵する個体が現われGSIも増えた．恐らく，上記の臨界日長は一定不変でなく，先行する日長条件に応じて若干上下するのであろう[5]．

因みに，Nishi[6] も本種の長日下での再熟に注目して実験し，いわゆる光誘導期（photo-inducible period）が明期開始後12時間から18時間の間にくることを見ている．

1・4 光周性の発達とその要因

前記の如く，本種の生殖活動に関わる光周性は産卵期の途中で発達する．光周性発達の時期を調べるため，月初めに採集した魚を水温25°C，長短数段階の日長下で1か月飼う実験を5月から4回繰り返した．その結果，雌雄とも短日区で7月にGSIの減ずる個体が現われ，8月には大部分の個体で短日的抑制が起こった．従って本種の光周性は7月から8月にかけて潜在的には発達し，自然日長が臨界値を下回ると顕在化または発現するものといえる[7]．

次いで，産卵期内で魚が経験する繰り返し産卵および夏季の高水温に着目し，これらが光周性発達の誘因となりうるか否かを検討した．このため産卵開始直後の4月に魚を飼い始めるとともに，一部の水槽には二枚貝を入れないことで雌の排卵を抑制した．その結果，4～8月間高温（25°C）長日下で産卵を継続させた区でも，逆にこれを抑制した区でも，9月に自然日長に移すとGSIは急激に減少し，結局産卵の抑制は光周性の発達を妨げなかった[7]．

また，同じ高温長日条件から9月に低温（15°C）自然日長に移した場合，個体によっては10月末まで産卵を続けた．その反対に，4～8月間低温長日で飼育し，9月に高温自然日長に移したときは，10月初旬まで産卵が続いた．しかし，いずれの場合もやがて卵巣は退行した．従って高水温下で発達した光周性は低水温ではその発現がかなり遅れ，他方，産卵期に低水温が続くと光周性の発達はやや低下するといえる．そして光周性の発達自体は，成熟維持に好適で，かつ定常的な外的条件（15°または25°Cの16L）の下で起こるところから，恐らく完熟状態の持続に伴う内在的要因によるものと推定される[7]．

さて，この光周反応と関連する光受容の場所はどこであろうか．これを知る目的で，眼球や光受容能の知られる松果体[8]を摘除して成熟に及ぼす効果を調べたところ，光周反応による生殖腺退縮，再熟いずれについても対照区との差はほとんど認められなかった．この2器官は光周期を感受する上で不可欠ではないらしい[7]．

1・5 光周性の“消失”

夏に発達した光周性は，1・2の結果からみて翌春までには消失するように思われる．冬季の水温がこの過程にいかに影響するかを検討するため，魚を11月中旬から5，10，15°Cの短日（10L）で約9週間飼った後，それぞれを15°Cの長日（14L）区と短日区に分けてさらに5週間飼育した．前期（9週）末に一部の魚を調べてみると，どの水温区でも雌雄の生殖腺組織は開始時と変わらなかった．生殖腺の再熟は条件変更後に始まったが，前期の水温が低い区ほど再熟の進行が遅れ，かつ予想に反して光周反応がより明瞭に認められた．しかも初めから15°Cの場合には短日のままでもGSIが有意に上昇することが見出された[7]．この点については，さらに高温（25°C）短日下で退縮した魚をそのまま飼い続ければ，2～3か月に再び産卵し始めることも確かめられた．

自然環境の中で，本種の光周性は恐らく酷寒期以前に十分低下しており，次の春には水温上昇のみが再熟の有効刺激になるものと推測される．これと関連して，短日下における再熟は何を契機として始まり，その際，確かに光周性は消失するのかといった問題は今後解明されねばならない．

§2. アカヒレタビラ（*Acheilognathus tabira*）

2·1 生殖年周期の経過

霞ヶ浦南西岸で張網により漁獲される材料を，1～3か月の間隔で調べて明らかにした本種の生殖年周期の経過は以下のとおりである[9]（図9·4参照）．

GSIは雌雄とも3月から4月にかけて急増し，4月下旬に雌では7％以上に達して，この頃から産卵が始まるものとみられる．GSIの急増と一致して卵巣には卵黄球期の卵母細胞が，精巣には精子が出現する．以後6月上旬まではこの状態が保たれるが，上述したタイリクバラタナゴの場合と異なり，早くも6月下旬には雄のGSIが急減し，雌でも大量の退行変性卵を持つ個体が現われて産卵期は終結に近付く．

7月下旬，退行した卵巣にみられる生殖細胞は周辺仁期以前のものに限られ，退行の程度は相当する位相のタイリクバラタナゴの場合より著しい．GSIは8～9月に雌雄とも最低となるが，生殖腺組織像は9月中にやや回復して，卵黄胞期の卵母細胞や精母細胞が現われる．その後，秋から冬にかけてGSIもゆるやかに増加する．

このように，産卵期の開始ならびに終了の時期は，本種においてもかなり明確である．また，それらは年によって前後に若干動くらしい．

2・2 産卵期の開始要因

自然条件に近い屋外池に放養した成魚を2月下旬から60日間，8，13，16°Cの水温3段階と11，15Lの日長2段階を組み合わせた各条件で飼育し，生殖腺の変化を調べた．60日飼育後，16°Cの両日長区ではGSIが顕著に増加し，卵

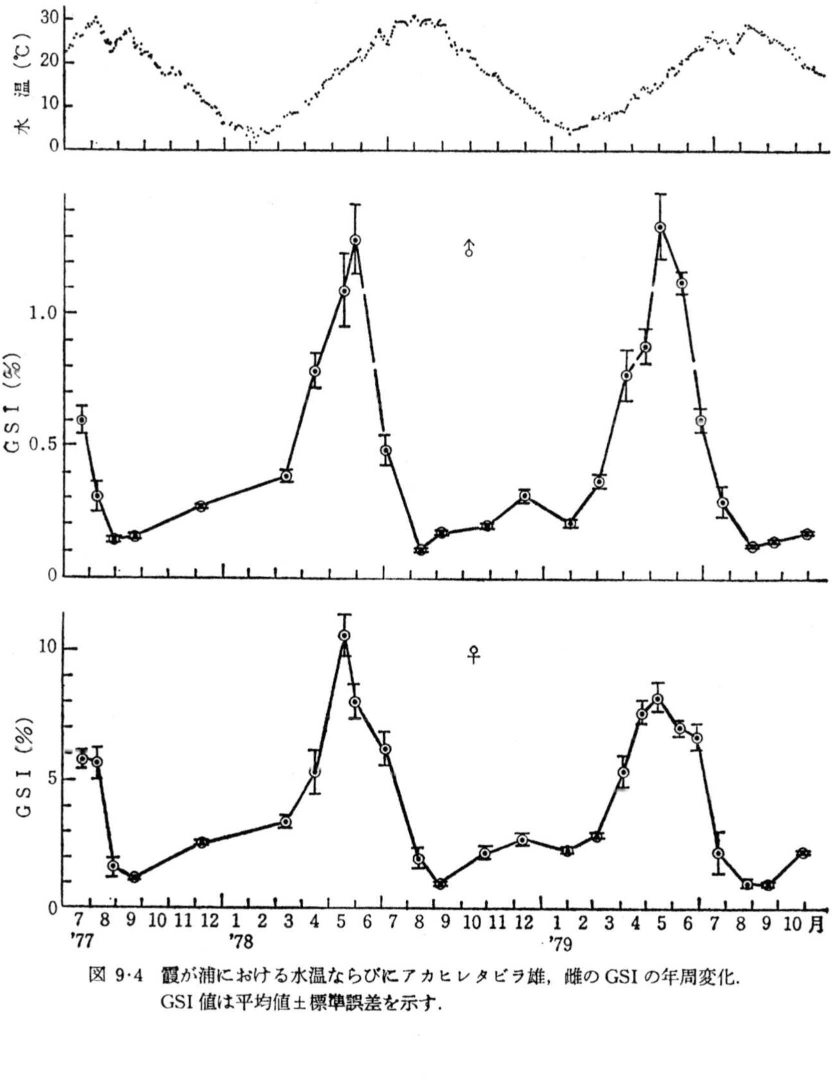

図 9・4 霞が浦における水温ならびにアカヒレタビラ雄，雌のGSIの年周変化．GSI値は平均値±標準誤差を示す．

巣中に多量の卵黄球期の細胞が出現した[10]（図9·5）．13 °C 15L 区では，雄のGSI はかなり上昇したが雌の方はあまり変わらなかった．しかし中には卵黄球蓄積の進んだ個体もあったので，13°C は成熟の臨界温度に近いとみられる．

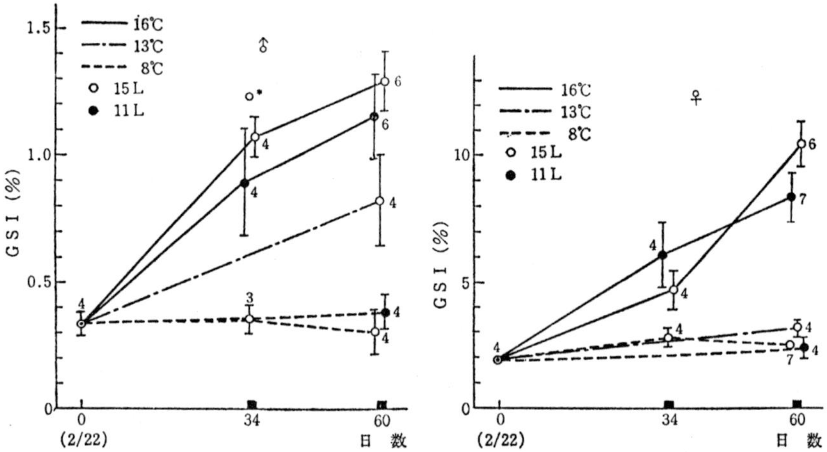

図 9·5　産卵開始期におけるアカヒレタビラ GSI に及ぼす日長，水温の影響．GSI 値は平均値±標準誤差を，そばの数字は個体数それぞれ示す．8°C15L 区の ♂ 1 個体（星印）は計算から除いた．説明は本文参照．

8°C の両区では，GSI，生殖腺組織ともに変化しなかった．

かくして，本種における産卵期の開始は，タイリクバラタナゴと同様，水温上昇のみに依存するものといえる．ただし成熟に対する臨界温度はタイリクバラタナゴの場合の 10°C より 3°C ほど高く，この差のために本種の方が遅れて産卵期に入るのであろう．

2·3　産卵期の終了要因

繰り返し産卵中の魚を5月末から22日間，22°C の 8L，12L，15L；26°C の 15L；30°C の 12L，15L の各条件下で飼育し，魚の反応を調べた．その結果，26°C と 30°C の各区で雌の GSI が急速に減少し，卵黄をもつ卵母細胞が失われたのに対し，て22°C の各区では GSI も卵巣組織像も変化しなかった[10]（図 9·6）．雄の場合も高温による抑制は明らかであり，加えて，22°C の 8L，12L 両区でも一部の個体に退縮の傾向が認められた．

この時期の日長が十分長い点を考え合わせれば，本種の産卵期終了は，水温上昇が 20°C 台の半ばを超すために生ずる生殖腺の抑制によることは明らかであろう.

さらに，5月上旬から22°Cの11L，15Lの2区に分けて飼育すると，両区ともしばらくは成熟が維持されるものの，2か月後15Lから11Lに移された

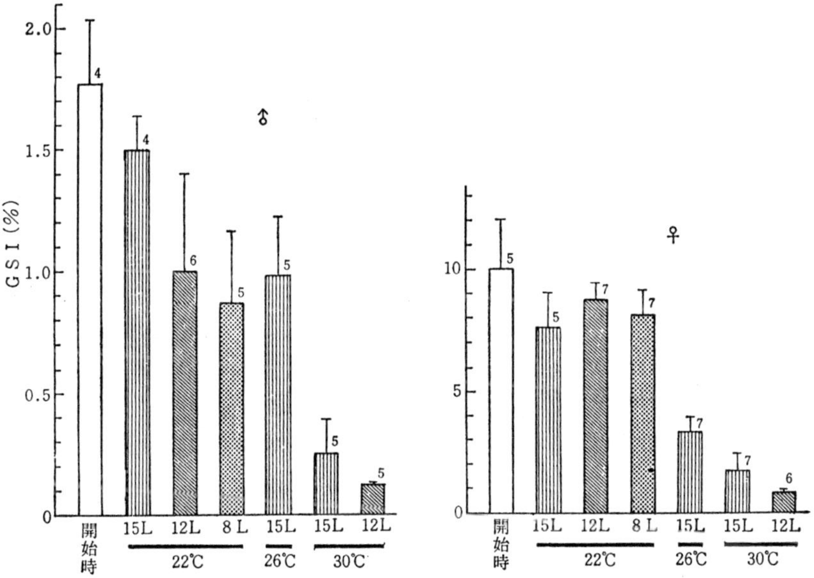

図 9·6　産卵終了期におけるアカヒレタビラ GSI に及ぼす日長，水温の影響．5月29日に始め，22日後に取り揚げた．上端の線分および数字は，それぞれ標準誤差および個体数を示す．説明は本文参照.

魚は急速に退縮し，また始めから11L下の魚も3か月後に退縮した[11]．従って本種においても，恐らく成熟状態の持続に伴う光周性の発達が確かめられた．本種の分布は北日本に及ぶ[13]ので，産卵期の終了が高温でなく短日によって起こる場所があるかも知れない.

2·4　再熟開始と環境要因

夏に生殖腺の退行した経産魚を，9月初めから22°Cの8L，11L，15L；27°C15Lで飼った．6週間飼育後，雌では22°Cの各区でGSIがやや増加し，卵黄胞期の細胞が現われたのに，27°C区での変化はほとんど無かった．さらに4週間飼育すると，今度は22°C 15L区のみにGSIの急増と卵黄球の蓄積が起こり，短日区では6週後とほぼ同じ状態が維持された[10]（図9·7)．雄の場合も良く似た結果が得られた.

これらの結果から，退縮した魚の再熟は水温の降下とともに始まるが，それが本格的に進行するためには，長日条件が必要となることが示される．長日による再熟促進は，10月初旬に始まる実験でも確認し得た[10]が，秋季の自然条件

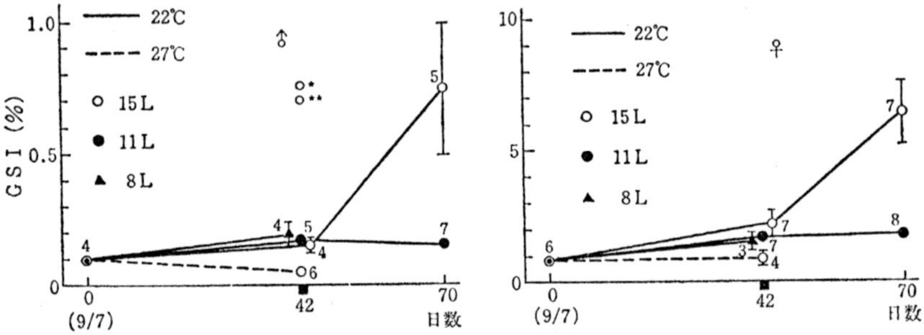

図 9·7　秋におけるアカヒレタビラ GSI に及ぼす日長，水温の影響．GSI 値は平均値±標準誤差を，そばの数字は個体数をそれぞれ示す．22°C 15L 区と 27°C 15L 区の ♂ 1 個体（星印）は計算から除いた．説明は本文参照．

に即していえば，短日が再熟の進行を抑えあるいは脱促進していることになるであろう．

この状態はまた，同時期のタイリクバラタナゴに共通するものである．

§3.　ゼニタナゴ (*Pseudoperilampus typus*)

本種は秋に産卵するが年間を通じての採集が難しく，現在までのところ生殖年周期の詳細が明らかになっていない．

3·1　産卵期の開始要因

仔魚期に霞が浦で採集し，屋外池で飼育・養成した成魚を，8月下旬から28°C の 12L，15L；25°C の 12L；18°C の 12L，13L，14L，15L の各条件に移して飼い，生殖腺の変化を調べた．飼育1か月後，12L の各区は温度の高低にかかわらず雌雄の GSI が顕著に増加した．13L 区 (18°C) の雄では GSI が幾分増加し，雌の GSI は増えるものと増えないものに分かれた．他方，14L，15L の各区では GSI はほとんど増加しなかった[12]．

これらの結果が示すところは明らかで，本種はコイ科の中では例外的に短日的に成熟し，その際の臨界日長はおよそ 13L ということになろう．

3・2 産卵期の終了要因

上記と同じ方法で養成し，かつ短日下で成熟させた材料を10月中旬～11月上旬間 19°C の 10L で予備飼育した後，日長を同じ 10L とした 19，15，12，8°C の各区に分けて45日間飼った．その結果，12°C と 8°C の両区では雌雄の GSI が減少し，減少は 12°C でより著しかった．15°C 区は GSI の減少する群としない群とに分れた．しかし 19°C 区では雌が規則的な繰り返し産卵を継続し，この間，雌の GSI はやや減少したが，雄のそれは維持された[12]．

従って本種の産卵期終了は水温下降によるものと結論できよう．

§4. 一般的考察

本邦産コイ科魚種の大部分は春または春から夏にかけて産卵する[13]．これらの春産卵型あるいは春夏産卵型の魚の多くは，3月ないし4月から産卵期に入り，遅くとも7月には産卵期を終わる．産卵期の長さは魚種によって異なるが，2～3か月にわたるものが普通である，この間に，雌魚が何回位排・産卵するかについての知見は乏しい．恐らくただ1回という場合は稀で，排・産卵の繰り返し，それもキンギョのような少数回から，タナゴ類やモツゴ[13]のような多数回にいたる様々の場合が存在するであろう．

キンギョ[14]やフナ[15]は，タナゴ類とは生殖生態が大いに違うが，冬季にやはり水温上昇のみで成熟・産卵させうることが知られている．性成熟の同様な温度依存は他の春および春夏型産卵魚にもあてはまるものと推測される．成熟開始が遅く，従って自然日長が極大に，その増分が0に近付く頃に産卵する魚種では，その可能性は一層高いと思われる．

コイ科の若干種で産卵期は長く続くが，盛夏を越す例は少ない．本邦産タナゴの大部分と欧州産タナゴ *Rhodeus amarus*[16] も盛夏以前に産卵を終わる．これらの場合，アカヒレタビラで知られたような高水温による生殖腺活動の抑制が共通の現象として起こり得る．また，生殖腺活動を許す水温の上限，すなわち上方臨界温度は，下方臨界温度と同様，魚種毎に定まったものであろう．若し，環境水温が上方臨界温度を超えなければ，当然成熟状態は維持されるはずで，30°C の高温下でも産卵を繰り返すことができるタイリクバラタナゴの場合がその好例とみられる．

産卵期の終了要因は，開始要因と違って，これまで何故か研究の対象となることが少なかった．その点で，本稿で述べたタナゴ類の検討はむしろ稀少例といえよう．しかもここで得られた終了要因の解析結果は，以下述べるとおり，生殖年周期が成立する基本的機構を考察する上で非常に重要となる．

すなわち，春夏産卵型のタイリクバラタナゴでは産卵期中に光周性が発達し，やがて生殖腺は短日的に退行することが見出され，次いで，この意外な生理学的変化は春産卵型のアカヒレタビラにも共通することが分かった．さらに，その後の検討によって，春に産卵を済ませたキンギョ[17]やコイ[18]もその後光周反応を示すようになり，遅くとも秋には高温・長日条件下で成熟・産卵に導きうることが確かめられた．このような光周性発達の生殖年周期成立に果たす役割ないし生物学的意義は，いうまでもなく晩夏～秋の短日下における再熟の抑制または脱促進にあると解される．

なお，同様な高水温･長日下での再熟促進は，既にホンモロコ[19]，*Notropis*[20]，*Notemigonus*[1] などのコイ科魚種において，生物学的意義の認識なしに報告されており，光周性の発達が春または春夏産卵型の魚種にかなり一般的な特徴であることが示唆される．それにしても，これらの魚種の生殖と関わる光周性の発達およびその“消失”は，関連諸器官のどの部位のいかなる変化に基づくものであろうか．生殖生物学上の重要課題として，今後十分に解明される必要があろう．

他方，秋に産卵するゼニタナゴは，ニジマスやアユに似てもっぱら日長短縮に反応して成熟し，短日的成熟がサケ科およびその近縁種に限られないことが明らかとなった．秋産卵型の魚種はあまり多くないが，タナゴ類のカネヒラやイタセンパラはもちろん，他科の魚種でも短日的成熟を確認しうるのではなかろうか．

水温下降に際して，ニジマスでは成熟が停滞するだけなのに，ゼニタナゴでは生殖腺が退行する点に特徴が認められる．この特徴は，他のタナゴが産卵を休む時期に二枚貝を独占する生殖戦略といかに関連するか，さらには，光周性には消長がみられるかといった諸点も魅力的な研究課題として挙げられる．

以上の考察から明らかなように，コイ科魚の生殖年周期が進行する中で，一般に，外的要因である水温と日長の季節的変動に呼応して，内的要因である温度依存性と光周性が，ほぼ交互に主役を演ずるものとみられる．あるいは，内部要因の交互的登場が生殖年周期の少なくとも粗筋を成しているともいえよう．特に，春，春夏産卵型の魚種については，産卵期の長短に関わらず，内部要因の果たす役割りが原則として共通である点に注目すべきである．今後，上方・下方臨界温度，光周性の発達・“消失”の時期，臨界日長，さらには各種条件下での再熟速度などを実験的に求めることによって，各魚種の生殖生物学的特性がより明確となるほか，成熟の人工制御技法への体系的取り組みが可能となるであろう．

引用文献

1) V. L. DE VLAMING: Effects of photoperiod and temperature on gonadal activity in the cyprinid teleost, *Notemigonus crysoleucas*. *Biol. Bull.*, **148**, 402〜415 (1975).

2) B. I. SUNDARARAJ and S. VASAL: Photoperiod and temperature control in the regulation of reproduction in the female catfish *Heteropneustes fossilis*. *J. Fish, Res. Bd. Can.*, **33**, 959〜973 (1976).

3) R. E. PETER and L. W. CRIM: Reproductive endocrinology of fishes: gonadal cycles and gonadotropin in telosts. *Ann. Rev. Physiol.*, **41**, 323〜335 (1979).

4) 朝比奈 潔・岩下いくお・羽生 功・日比谷 京：タイリクバラタナゴ *Rhodeus ocellatus ocellatus* の生殖年周期．日水誌，**46**，299〜305 (1980).

5) K. ASAHINA and I. HANYU: Role of temperature and photoperiod in annual reproductive cycle of the rose bitterling. *Bull. Japan. Soc. Sci. Fish.*, in press.

6) K. NISHI: A daily rhythm in the photosensitive development of the ovary in the bitterling, *Rhodeus ocellatus ocellatus*. *Bull. Fac. Fish. Hokkaido Univ.*, **30**, 109〜115 (1979).

7) 朝比奈 潔：タイリクバラタナゴの生殖リズムに関する研究，学位請求論文，東京大学 (1981).

8) T. TAMURA and I. HANYU: Pineal photosensitivity in fishes. in “Environmental Physiology of Fishes” (ed. M. A. ALI), Plenum Press, New York, 1980, pp. 477〜496.

9) 清水昭男・羽生 功：春産卵魚アカヒレタビラの生殖年周期．日水誌，**47**，333〜339 (1981).

10) A. SHIMIZU and I. HANYU: Environmental regulation of annual reproductive cycle in a spring-spawning bitterling, *Acheilognathus tabira*. *Bull. Japan. Soc. Sci. Fish.*, in press.

11) 清水昭男・羽生 功：アカヒレタビラにおける光周性の変化．昭和57年度日本水産学会春季大会講演要旨集，p. 43 (1982).

12) 清水昭男・羽生 功：秋産卵魚ゼニタナゴの産卵期決定要因．昭和56年度日本水産学会春季大会講演要旨集，p. 129 (1981).

13) 中村守純：“日本のコイ科魚類”，資源科学シリーズ4，資源科学研究所，東京，1969.

14) 山本喜一郎・長浜嘉孝・山崎文雄：金魚の周年採卵法について．日水誌，**32**，977〜983 (1966).

15) 松島昌大：産卵期における下垂体ホルモン

投与，並びに冬期，早春期における外部環境調節及びホルモン投与によるフナの成熟，産卵の促進．淡水研報，**13**，93〜104 (1964).

16) B. Verhoeven and G. J. van Oordt: The influence of light and temperature on the sexual cycle of the bitterling, *Rhodeus amarus. Proc. Akad. Sci. Amst.*, *C*, **58**, 628〜634 (1955).

17) 盛田好晴・ホセイン ラザニ・羽生 功：未発表.

18) フィリップ デービス・羽生 功：未発表.

19) Lai van Khiet: Physiological studies on influences of environmental factors upon maturation of fish. Dissertation, The Univ. of Tokyo (1975).

20) R. W. Harrington Jr.: Sexual photoperiodicity of the cyprinid fish, *Notropis bifrenatus* (Cope), in relation to the phases of its annual reproductive cycle. *J. Exp. Zool.*, **135**, 529〜553 (1957).

質 疑 応 答

座長 高橋 裕哉（北大水）
小栗 幹郎（名大農）
羽生 功（東大農）
野村 稔（東水大）

I．水産動物の成熟・産卵に関与する内分泌機構

広瀬慶二（東海水研） 分離した顆粒膜では，先駆物質の17α-ヒドロキシプロゲステロン（17α-OHProg）とインキュベートとしても卵成熟誘起ステロイドの17α, 20β-ジヒドロキシ-4-プレグネン-3-オン（17α, 20β-diOHProg）ができないか．

長浜嘉孝（基生研） 魚体内で起こるGTHのピークの前と後で結果が異なる．ピーク前の顆粒膜細胞層と17α-OHProgを培養しても17α, 20β-diOHProgはわずかしか産出されないが，ピーク後であれば同様の条件下でかなり多量の17α, 20β-diOHProgが産生される．ピーク前でも17α-OHProgとともにGTHを加えると産生量は増す．

朝比奈 潔（日本農獣医） 雌魚の場合，卵巣におけるエストロゲン産生系からプロゲステロン系ステロイド産生系への転換には，どのような機構が考えられるか．

長浜 同様なステロイドホルモンの産生・分泌パターンの転換は，哺乳類でもLHのピーク前後にみられる非常に興味ある問題であるが，現在のところ詳細な機構は不明である．アマゴの沪胞組織では，莢膜細胞層，顆粒膜細胞層のいずれにも産生パターンの変化が認められる．各々の層の発達に与えるGTHやテストステロンを含む関連ステロイドホルモンの影響（特に受容体との関連）について詳しく調べる必要がある．他に魚類GTHの性質（1種類か2種類かについての問題）そのものも考慮する必要があろう．

高橋裕哉 雄魚の場合の放精期直前にみられる血中テストステロンの高値について，その生理的意義は何か．

長浜 活発な精子形成と関連があると思われるが，まだ証拠となる実験データが得られていない．

II．ホルモン処理による成熟・産卵の制御

落合 明（高知大農） ウナギでは成熟がLH-RHで促進されないというが，投与量や投与間隔など投与方法を改善すれば，LH-RHの効果があがるのではないか．またウナギでは卵黄形成の促進は容易であるが，排卵誘起が難しい．そこで排卵と同時に親魚の健康管理にも，効果的な方法を検討すべきではないか．

高橋 落合氏の意見には私も賛成である．LH-RHによる催熟は，従来の方法と比べて長期間を必要とする．また，降海時の欧州ウナギの卵巣熟度は日本ウナギと比べ低いとされるが，これも欧州ウナギのLH-RHへの不応性の一因としてあげられるかもしれない．また，ウナギで排卵を誘起するためには，従来の脳下垂体投与法とLH-RH投与法の組み合わせや親魚自体の

GTH の利用の試みなど，卵成長期の親魚の健康管理を考慮した催熟法の開発が今後の一つの方向であろう．

落合　魚にホルモンを投与するとき，水温の影響が大きいので，投与に関してどんな点を配慮したらよいか．

広瀬　1回の投与で産卵する場合は，あまり水温を考慮する必要がないが，多回投与の場合，高水温だと投与したホルモンが意外に早く代謝されるため，その魚の卵黄形成に適した温度（産卵時の温度より4～5°C低い場合が多い）で行う方がよい．また，徐々にホルモンを吸収させるためアジュバンドでエマルジョン化するのも一つの方法だ．

Ⅲ．外部環境要因による成熟・産卵の制御

羽生　功（東大農）　貝類の反応が温度だけに限られない事例もあるか．

浮　永久（東北水研）　温度と成熟との対応関係は，餌料条件の影響を受ける．天然でも産卵期が餌料条件により変動する事例が知られている．

松谷武成（東北大農）　アワビの卵巣卵における卵核胞の崩壊を，プロスタグランジンの投与，あるいは過酸化水素を用いて *in vitro* で検討したことはあるか．

浮　まだ検討していない．

広瀬　光と水温の調節によってクルマエビ類の成熟と産卵を促進させる際，卵質への影響を考慮すると，これらの環境要因を徐々に変化させた方がよいか．また，産卵誘発に Stepwise increase 法の使用が絶対に必要か．

金沢昭夫（鹿大水）　光と温度の調節によるエビ類の産卵誘発は，光と温度の変化を2週間位で急速に行っても可能である．しかし徐々に行った方が高い産卵率とふ化率が得られるようである．また光や温度条件に周年変化のない南方地域では，光，温度などの step-wise increase 法は使用せず，眼柄処理法だけで *Penaeus monodon* などの産卵を誘発させている．

総　合　討　論

座長　羽生　　功（東大農）
野村　　稔（東水大）
髙橋　裕哉（北大水）

野村　稔　これより総合討論に入るが，特に成熟・産卵の制御に関連した試験業務に水試などで実際に携わっている会員諸氏も活発に発言していただきたい．光処理による成熟促進をアユやニジマスで行うと，卵径が小さく，受精率も若干低下する．また年2回産卵系ニジマスでも，卵数は増えるが卵径が小さくなる．そこで卵黄蓄積による魚卵の成長と卵質，受精率など成熟との関連性について，出席者の方からご意見を伺いたい．

長浜　われわれが研究に用いているアマゴでも，きわめてわずかであるが，1年で成熟する早熟雌がみられる．この群の卵径は2年で成熟する普通の雌個体と比べてやはり小さい傾向にある．

会田勝美（東大農）　この問題は大変難しく，回答しにくい．われわれも年2回産卵するニジマスを使って調べている．自然環境での飼育で夏産卵期に小さな卵を早期に産む個体のほかに，産卵しない個体も現われるが，このようなことがなぜ起こるかまだよくわからない．また光処理を行ってみると，長日処理群の中から成熟抑制のほか，小さな卵を産卵する個体も出てくる．したがって長日処理が従来知られている成熟抑制のほかに個体の状態によっては促進効果をもたらし，卵成熟と産卵の早期化が起こることもあるらしい．

長浜　そのような個体では，血中ビテロゲニンやホルモンのレベルはどうか．

会田　血中ビテロゲニンは測定していないが，卵黄形成期における血中GTHについふは，産卵された卵の大きさとの間で関係がみられ，血中レベルが高いと産卵される卵は小さいという傾向が認められる．

隆島　魚にある量のホルモンを投与する時予め少量を投与してからある期間おいて，つぎの投与を行うと効果が大きいことが知られていて，これをプライミング効果とか慣らし効果と呼んでいる．この効果についての技術的あるいは生理学的バックグランドに関して伺いたい．

広瀬　技術的な面では，この効果に影響を与えるホルモンの投与法，投与時間，飼育温度などについて，考慮せねばならない．つぎにプライミング効果について，例えば卵の最終成熟の場合，第1回のホルモン投与がホルモンに反応すべき卵の様々な準備（レセプターの増加など）をさせ，2回目の投与によって排卵が起こるときは，この効果とみることもできる．しかしプライミング効果の定義もまだ確定しておらず，その生理的バックグランドも明確でないのが現状である．

会田　ホルモンを投与すると，生理作用の発現と同時にホルモンに対するレセプターの増加が起こる可能性が考えられる．もしそうであれば最初に少量のホルモンを投与することによってレセプターが増え，つぎに投与するときにプライミング効果が現われることになる．

小林牧人（東大農）　HCG，異なる魚種のGTHなどのタンパクホルモンを連続，長期間投与した際，タンパク構造の違いにより体内で抗体産生が起こらないか．

広瀬　抗体産生が起こることは十分考えられるので，タンパクホルモンの投与には同じ動物種のホルモンを使用することが望ましい．

隆島　HCGを長期間投与すると抗体ができるので，中国の報告ではソウギョやコイの人工採卵にHCGの投与よりLH-RHの投与をすすめている．私もコイで抗体の産生を確かめている．しかし抗体産生が起こるとHCGの効果が低下するかどうかまだ結論を得ていない．

岡本成司（茨城内水試）　サケ・マス類の成熟促進において，ある期間長日処理を施し，つぎに短日処理を行う方法がとられているが，成熟におけるこれらの処理の生理的意義は何か．

山内晧平（北大水）　この点に関して，英国のBROMAGEらはニジマスを用いて，長日処理が卵巣発達の引き金をひき，短日処理はその発達を促進すると推論している．

広瀬　以前はBROMAGEらと同じ意見

であったが，本日のシンポジウムでの伏木氏の発表などから，現在では卵のレセプターよりむしろ上位の脳を問題にすべきではないかと考えている．

野村　温度調節によるアワビの成熟・産卵の制御において，温度調節を自然の産卵期に行う場合と，それ以外の時期に行う場合で，卵質に差異が認められないか．また南方種における成熟・産卵の制御はエゾアワビと比べてどうか．

浮　積算温度が2000°Cを越えると，養成水槽中でも，軽微な飼育条件の変化で産卵する．受精率にも変化が認められないので，卵質や完熟に関して問題はないように思う．南方種のアワビでは2～3倍の積算温度が必要で，温度以外の環境要因例えば光周期なども検討せねばならぬ．

隆島　クルマエビの産卵誘発に塩分変化は刺激とならないか．

金沢　自然条件下におけるクルマエビ類の産卵と塩分濃度の関係については古くから報告されているが，タンク飼育による産卵誘発試験では，とくに塩分濃度の調節は必要ないようである．ただ南方産の *Parapenaeopsis stylifera* などについては，塩分濃度が産卵に影響することがタンク飼育でも証明されている．

羽生　クルマエビ以外の甲殻類でも成熟・産卵の制御に関する報告があるか．

金沢　研究の対象になっているのは，ほとんどがクルマエビ属であるが，ほかの小型のエビ類についても若干研究報告はある．

羽生　コイは成熟・産卵しやすい魚で，環境条件さえよければ短時間で産卵するようになる．この場合，温度を上昇させることが一番効果的で，水温24～25°Cでは数カ月で成熟し，日長の影響はあまりない．しかし条件によっては光がコイの成熟・産卵に影響をおよぼすこともあるので，環境要因の解析には慎重を要する．また成熟・産卵には光，水温のほかに餌が関係していて，成熟を抑制し親魚の成長を図ることも可能であろう．成熟・産卵と魚体の成長とは表裏の関係にあり，親魚に与える餌についても今後十分注意を払う必要がある．この問題に関して能勢氏に魚類栄養の立場からご発言願いたい．

能勢健嗣（養殖研）　最近，海産魚を中心として種苗生産の研究が進展し，良質な卵を得るための親魚の飼料や栄養の問題が重要視されてきている．例えばマダイの親魚に極端な餌を与えると卵の受精率やふ化率がかなり低くなることが明らかにされ，またニジマスのような卵黄形成過程の長い魚とマダイのように産卵期が長く卵粒の小さい魚とでは，同じに論ずることができないと考えられ，さらに検討が必要である．したがって今後は飼料・栄養の研究者と成熟・産卵の研究者との協同研究が望まれる．

金沢　魚の餌の話題に関連して，甲殻類の場合を述べたい．クルマエビの餌としてアサリ，イガイ，カキを用いると成熟・産卵に好効果が得られる．刺激促進に有効な体内成分の検索が軟体動物について行われているが，まだ結論は出ていない．また東水大渡辺武氏によると脂肪酸，特に高度不飽和脂肪酸やカロチノイドがタイの成熟・産卵に好結果をもたらす．

能勢　このカロチノイドの生理作用はまだ明らかではないが，卵の色調のみでなく，今回の学会においても卵内での酸化還元機構への関与が示唆されていて，カロチノイドの生体内での役割に関しては，今後さらに検討すべき重要な課題であろう．このような興味ある知見がいくつか知られているが，現状ではまだ総合的，理論的考察ができる段階には来ていない．魚の場合，排卵産卵時よりむしろ卵黄形成過程において，餌料の影響が現われるので，この時期に投与する餌料の組成が今後の検討課題であろう．

高橋　ウナギの催熟実験では途中でGTH投与を中止すると，卵巣の発達が停止して，卵巣卵が退行しはじめる．しかし正常な卵巣発達過程でも卵の退行と吸収は起こる．これはいわば卵量の調節であるが，正常な成熟過程と光処理により成熟促進あるいは遅延させた場合で，この現象に差異があるのか，また卵退行に関して明らかにされている基礎的知見を伺いたい．

野村　われわれの実験データを例にあげるが，ニジマスに配合飼料を体重維持量とLEITRITZの給餌率の0.5，1.0，1.5倍量を与え，飼育し比較すると，通常の卵径分布と異なった退行現象を示唆する中間型のサイズの卵が給餌量の少ない群ほど多く出現する．また卵数は体重維持量の餌を投与した群が少なかった．こういった問題，つまり餌の量，成長，卵数，卵黄蓄積および成熟の間の関係がさらに今後明確にされることが望まれる．

隆島　ニジマスの給餌量と卵数，卵のサイズの関係をみるため，私が養殖業者を対象に実施した調査では，餌が不足すると卵数にはあまり変化が起こらないが，卵黄物質の不足のため卵のサイズに大小が認められた．しかし退行まで進むことはなかった．

羽生　まだ討論を続けたいが，時間も定刻を過ぎたので，この辺で討議を終えたい．多数の会員が本日のシンポジウムに出席されたことに対し，企画責任者を代表してお礼申し上げる．本日のシンポジウムは内容豊富な話題提供と活発な討論によって十分な成果をあげることができた．この成果を踏まえて，今後さらにこの分野の研究が進展することを期待したい．

このシンポジウムを総括して，最後に一言述べたい．本日の話題提供からも明らかのように，水産動物の成熟・産卵に関する研究は前回のシンポジウム以降，大きな進展をみたが，これには高等動物における内分泌学の発展が大きく寄与したほか，会員諸氏による貢献も大きかった．成熟・産卵の制御も動物により難易はあるが，可能になってきた．この試みは今後さらに多くの新しい動物についてなされるべきである．周年採卵を可能にし，さらに水産動物の成熟・産卵の完全な制御を目指して，基礎面と応用面の研究者達が，今後も情報交換を活発に続けながら，研究をさらに発展させ，この分野での水産技術の発展に貢献されることを切望し，このシンポジウムを閉会したい．

水産学シリーズ〔41〕　　定価はカバーに表示

魚介類の成熟・産卵の制御

Regulation of maturation and spawning in aquatic animals

昭和 57 年 10 月 15 日 初版発行
平成 12 年 6 月 15 日 2 刷発行

編　集　社団法人 日本水産学会
〒108-8477　東京都港区港南　4-5-7
東京水産大学内

発行所　〒160-0008
東京都新宿区三栄町8
Tel　(3359) 7371 (代)
Fax　(3359) 7375
株式会社 恒星社厚生閣

 興英文化社印刷・風林社塚越製本

水産学シリーズ〔41〕
魚介類の成熟・産卵の制御
(オンデマンド版)

2007年10月1日　発行

編　集　社団法人 日本水産学会
〒108-8477　東京都港区港南4-5-7
東京海洋大学内

発行所　株式会社 恒星社厚生閣
〒160-0008　東京都新宿区三栄町8
TEL 03(3359)7371(代)　FAX 03(3359)7375

印刷・製本　株式会社 デジタルパブリッシングサービス
URL http://www.d-pub.co.jp/

AE161

ISBN978-4-7699-1140-1　Printed in Japan